设施园艺作物生产关键技术问答丛书

设施甜瓜
栽培与病虫害防治

SHESHI TIANGUA ZAIPEI YU
BINGCHONGHAI FANGZHI BAIWEN BAIDA

李 婷 李云飞 朱 莉 主编

中国农业出版社
北 京

《设施甜瓜栽培与病虫害防治百问百答》
编 著 者 名 单

主　编　李　婷（北京市农业技术推广站）

　　　　　李云飞（北京市农业技术推广站）

　　　　　朱　莉（北京市农业技术推广站）

副主编　李金萍（北京市植物保护站）

　　　　　刘中华（北京市优质农产品产销服务站）

　　　　　齐长红（北京市昌平区农业技术推广站）

　　　　　陈宗光（北京市大兴区种植业服务中心）

　　　　　徐　茂（北京市顺义区种植业服务中心）

　　　　　芦金生（北京市大兴区农业技术推广站）

参　编　陈艳利（北京市农业技术推广站）
胡潇怡（北京市农业技术推广站）
攸学松（北京市农业技术推广站）
聂　青（北京市农业技术推广站）
徐　晨（北京市农业技术推广站）
孙贝贝（北京市植物保护站）
陈加和（北京市昌平区农业技术推广站）
祝　宁（北京市昌平区农业技术推广站）
何秉青（北京市昌平区农业技术推广站）
韩立红（北京市昌平区农业技术推广站）
陈文钊（北京市延庆区农业技术推广站）
刘　洋（北京市延庆区农业技术推广站）
姜　帆（北京市大兴区种植业服务中心）
董　帅（北京市大兴区农业技术推广站）
于　琪（北京市大兴区农业技术推广站）
靳凯业（北京市大兴区农业技术推广站）
陈北海（北京市大兴区种子管理站）
孙桂芝（北京市顺义区种植业服务中心）
王亚甡（北京市房山区种植业技术推广站）

目录

CONTENTS

视频目录

第一章 概述

1. 甜瓜原产地是什么地方？

非洲和印度是黄瓜属的起源中心。甜瓜作为黄瓜属的一个种，其初生起源中心难以确认，但次生起源（变异）中心主要有以下几种。

① 东亚薄皮甜瓜次生起源（变异）中心是中国、日本、朝鲜。

② 西亚厚皮甜瓜次生起源（变异）中心是土耳其。

③ 中亚厚皮甜瓜次生起源（变异）中心是伊朗、阿富汗、土库曼斯坦、乌兹别克斯坦、中国新疆等。

2. 甜瓜有哪些营养成分？

甜瓜含有人类所必需的各种营养成分：水分、蛋白质、脂肪、碳水化合物、胡萝卜素、维生素C、维生素B_1、维生素B_2、维生素B_3、钙、磷、铁等。尤其是甜瓜维生素C的含量超过牛奶等动物食品十几倍。

3. 甜瓜的用途有哪些？

甜瓜既可以鲜食，又可以制成甜瓜干作为甜点供食。甜瓜籽仁含脂肪、球蛋白、乳聚糖等成分，可供榨油、炒熟磕食瓜子。甜瓜还可入药，果肉性味甘、寒、滑，具有止渴、除烦热、利小便的功效。甜瓜蒂和籽仁也可入药。瓜蒂中药名苦丁香，以青皮瓜蒂的药性最好，含甜瓜毒素，为催吐、利水、祛湿退黄要药。甜瓜籽仁作药用时，宜晒干捣碎去油。李时珍认为它“清肺润肠，和中止渴”。

4. 我国甜瓜产业的发展概况如何？

20 世纪 70 年代末至 80 年代初，我国甜瓜生产面积逐渐缓慢上升。1984 年产销放开、市场调节的改革开始后，生产者种植甜瓜的积极性被调动了起来，甜瓜种植面积迅速扩大，1985 年面积由 1984 年的 61.2 万公顷扩大到 92 万公顷，产量也成倍增长，基本上满足了城乡居民夏季对甜瓜的消费需求。随着科技的进步，改革开放以来，我国的甜瓜产业逐渐解决了甜瓜主栽品种单一且品质差的问题，实现了良种化和多样化；逐渐改进栽培设施和技术，实现了厚皮甜瓜东移，丰富了品种类型；逐渐按照市场消费及生态需求，实现了由追求数量到追求质量并过渡到目前注重生态的转变历程。甜瓜栽培技术不断更新发展，形成了几种主要的栽培模式，如西北露地厚皮甜瓜高效优质简约化栽培模式、北方设施甜瓜早熟高效优质简约化栽培模式、南方中小棚甜瓜高效优质简约化栽培模式、华南反季节甜瓜高效优质简约化栽培模式、城郊型观光采摘甜瓜栽培模式，推动了我国甜瓜产业的进一步发展。

5. 我国甜瓜主要的栽培生产区域有哪些？

西北厚皮甜瓜露地主产区。主要包括新疆全境、甘肃河西走廊与兰州附近、青海湟水流域、宁夏银川与灵武平原、内蒙古西部巴彦淖尔等地，甜瓜生产主要是厚皮甜瓜露地栽培，薄皮甜瓜栽培较少。

华北设施甜瓜主产区。主要包括河南、山东、河北、陕西、山西、北京、天津等省份。

东北薄皮甜瓜露地主产区。主要包括黑龙江、吉林、辽宁、内蒙古东部等地以薄皮甜瓜生产为主。多露地栽培，少部分保护地栽培。

长江流域甜瓜主产区。主要包括江苏、浙江、安徽、江西、湖北、上海等省份。

华南冬春甜瓜主产区。主要包括广东、广西、海南等省份，以反季节冬春茬为主。

6. 我国目前的甜瓜产业有什么变化？

由于土地、水等自然资源和人力资源的紧缺，甜瓜生产由以前的数量型、质量型开始向生态型转变。一是通过节水、减少化肥和化学农药使用量，提高资源利用率，降低对环境的负面影响，走生产环境可持续发展的道路；二是立足高端市场，加快甜瓜产业生产、经营方式转变，通过一二三产业融合发展和生产集约化、标准化来提高劳动生产率以及土地产出率，结合提高科技社会化服务和信息化水平，走提升甜瓜产业竞争力和可持续发展的道路。

优良品种不断涌现。薄皮甜瓜酥脆香甜，受到市场欢迎，出现了北农翠玉、天美 63、博洋 9 号等品种。在厚皮甜瓜中，哈密瓜类的西州蜜 25、江淮蜜和光皮厚皮甜瓜类的京玉太阳、金衣、玉菇、西薄洛托以及网纹甜瓜的阿鲁斯、帕丽斯、柏格等品种开始上市。

一批提高品质的新技术开始应用。筛选出了糖度高、耐裂性好、口感佳、抗逆性强的甜瓜品种及抗病性强且对品质影响小的甜瓜砧木品种。水肥一体化灌溉、种子包衣和生物农药替代化学农药、配方施肥等技术的应用，在保证质量安全的基础上提高了商品瓜品质。

大力研究并示范推广“一控两减”技术。主要研究示范推广了以下技术：膜下沟灌、滴灌和微喷等节水技术，水肥一体化和配方施肥等科学施肥技术，减量用药、生物防治及抗病品种综合利用等减药和安全用药技术，促进了甜瓜生产节水、减肥、减药，提高了资源利用率和确保安全生产。

开展了简约化栽培技术研发、体系集成与推广，有效提高了劳动生产率。强化集约化育苗技术，培育出了育苗大户和育苗场，提高了育苗效率和种苗质量；蜜蜂授粉技术逐渐替代了传统的人工授粉，减轻了劳动强度、降低了授粉成本和畸形果发生率，提高了商品瓜品质；推广了以滴灌和微喷为基础的水肥药一体化省工省力技术；推广了天窗放风省工省力技术，实现了快速降低设施内空气湿度和温度；推广了瓜垫，利用较少的人工实现了消除商品瓜阴阳面、避免了商品瓜和地面接触产生霉污等现象的发生。

逐步构建了可复制的甜瓜生产技术模式。加强了甜瓜从品种筛选、配套栽培及植物保护技术等各个环节的标准化生产。

观光采摘和科技展示功能日益突出。出现了一批观光采摘和科技展示示范基地，集中展示了一批先进品种和技术，促进了观光采摘和甜瓜文化建设。

科技社会化服务和信息化水平有了提升。强化了品牌化销售，依靠农民专业合作社、生产企业和种植大户进行了标准化生产，引入了精品水果店、网络销售等现代营销企业，打造了销售平台，促进了甜瓜优质优价。

7. 设施栽培在甜瓜生产上的作用及意义？

相对于露地栽培，设施栽培的出现改变了甜瓜育种目标、生产布局、栽培茬口、栽培模式及生产效益。地膜覆盖技术具有增温、保墒、改善土壤通透性、促进养分转化及抑制杂草等作用，不仅使甜瓜生长季节提前，还能大幅度提高产量，改善品质，同时也能减少病虫害发生，对干旱、雨涝也有一定缓解作用。大棚栽培是保护栽培的较高级形式，不仅能有效地提早上市，而且能提高产量和品质。利用拱棚设施栽培，厚皮甜瓜东移技术于20世纪80年代末趋于成熟。日光温室栽培更是进一步实现了冬春茬抢早生产，成为我国北方地区甜瓜栽培效益最高的设施栽培生产模式。

随着设施栽培技术的推广普及，耐低温、优质、抗裂等品种不断涌现，甜瓜生产区域逐渐扩大，冬春茬、早春茬、秋茬等茬口类型先后出现，优质高效栽培和观光采摘等栽培模式增加，周年化、优质化和多样化的甜瓜生产成为现实，有效地增加了瓜农收益和提高了人们的生活水平。

8. 甜瓜设施生产存在的问题有哪些？

设施生产存在空间封闭、早春温度低湿度大、夏季温度高等问题，对生产管理的要求较高。水肥管理不当和授粉用的激素浓度使用不合理等原因造成裂瓜率高；品种及栽培管理、病虫害防控技术不完善造成枯萎病、白粉病、蚜虫、蓟马、红蜘蛛和线虫等病虫害导致的损失较大；栽培管理和品种等原因造成早春抢早生产坐果率低、果实畸形、网纹稀少或光皮、含糖量低；环境因子管理和育苗技术落后造成育苗成苗率低；种植、田间管理和采收的机械化程度低。

9. 甜瓜设施生产有哪些设施类型？

种植甜瓜的设施保护类型较多，目前在生产上的设施类型主要有塑料小拱棚、塑料大棚和日光温室。

塑料小拱棚是一种简易的设施，通常高度在1.5米以下，跨度在4米以下。优点是结构简单、投资少及能灵活应用。管理作业时一般需揭开薄膜进行，采收期晚于塑料大棚。

塑料大棚是以竹木、水泥柱或钢材等材料作骨架，在表面覆盖塑料棚膜的大型保护地栽培设施。塑料大棚栽培甜瓜比露地提前1个多月成熟，比塑料小拱棚提前15～20天成熟，是我国种植甜瓜的主要栽培方式之一。

日光温室由两侧山墙、维护后墙体、支撑骨架及覆盖材料组成，是我国北方地区独有的一种温室类型。日光温室的特点是保温好、节约能源，非常适合甜瓜冬春茬抢早生产，也是我国种植甜瓜的主要栽培方式之一。

10. 甜瓜设施栽培的高效种植模式有哪些？

针对早中晚熟的不同品种、塑料拱棚和日光温室等不同设施、早春抢早、秋延后及越冬等多种茬口、批发和采摘等不同销售方式，甜瓜设施栽培主要的高效种植模式有甜瓜抢早种植模式、薄皮甜瓜多果多茬种植模式、厚皮甜瓜优质高效种植模式、与其他作物套种种植模式、观光采摘种植模式、集约化育苗种植模式等。

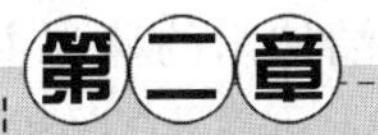

甜瓜的植物学特征与生物学特性

11. 甜瓜的植物学特征是什么？

(1) 根 甜瓜属直根系植物，根系由主根、多级侧根和根毛组成，90%的根毛生长于侧根上，根毛是吸收水分和矿物质营养的主要组织。

甜瓜根系发达程度仅次于南瓜、西瓜，主根垂直向下生长，入土深度可达1.5米以上，侧根水平伸展范围可达3米左右，但主、侧根主要分布于土壤表层30厘米左右的耕作层。甜瓜根系的特征因品种而异，厚皮甜瓜的根系较薄皮甜瓜的根系强健，分布范围更广更深，耐旱、耐贫瘠能力强，但薄皮甜瓜的根系较厚皮甜瓜更耐低温、耐湿。

甜瓜根系好氧，土壤黏重或田间积水都不利于根的生长。甜瓜发根早，两片子叶展开时，主根长度就可达15厘米以上，但根系容易木栓化，恢复能力弱，根受伤后很难恢复，所以适宜采用营养钵、营养土块等护根措施育苗，且苗龄不宜过大，争取提早定植。

甜瓜根系随地上部分生长而迅速伸展，地上部分伸蔓时，根系生长加快，侧根数迅速增加，坐果前根系生长分化及伸长达到高峰，坐果后，根系生长基本处于停滞状态。

(2) 茎蔓 甜瓜是一年生蔓性草本植物，茎蔓中空，有条纹或棱角，茎蔓上着生卷须，属于攀缘植物。在茎蔓上着生叶片的地方叫节，两片叶间的茎叫节间。甜瓜子叶节以下部分，统一称下胚轴。甜瓜具有很强的分枝能力，由幼苗顶端伸出的蔓为主蔓，在主蔓可伸出一级侧枝（子蔓），一级侧枝上可发生二级侧枝（孙蔓），以至三级、四级侧枝等。只要条件允许，甜瓜可无限生长，在一个生长周期中，甜瓜的茎蔓可长到2.5～3.0米或更长。甜瓜白天的生长量大于夜间，夜间的生长量仅为白天的60%左右。

在甜瓜主蔓上发生的子蔓中，第一条子蔓一般不如第二条、第三条子蔓健壮，在栽培管理中常不被选留。一般甜瓜子蔓的生长速度会超过主蔓。在生产上苗期摘心可以促进侧蔓的发生，选留两条或三条侧蔓作为结果枝；中后期摘心可以控制植株的生长。

(3) 叶 甜瓜叶为单叶、互生、无托叶。不同类型、品种的甜瓜叶片形状、大小、叶柄长度、色泽、裂刻有无或深浅以及叶面光滑程度都不同，多数厚皮甜瓜叶大，叶柄长，裂刻明显，叶色较浅，叶面较平展，褶皱少，刺毛多且硬；薄皮甜瓜叶小，叶柄较短，叶色较深，叶面褶皱多，刺毛较软。

(4) 花 甜瓜花有雄花、雌花和两性花三种。甜瓜花的性型具有丰富的表现，在栽培甜瓜中最常见的是雄全同株型（雄花、两性花同株）、雌雄异花同株型。绝大多数厚皮甜瓜、薄皮甜瓜栽培品种均是雄全同株型。当两片子叶充分展开，第一片真叶尚未展开时花芽分化已经开始。厚皮甜瓜和薄皮甜瓜的花芽分化开始时间大致相同，但分化速度不同，厚皮甜瓜较薄皮甜瓜快。

发育充分的甜瓜花是否开放及开放的速度主要与温度有关，从花冠松动到盛开，一般需要20分钟，温度上升快，开放的时间短。开花也与空气湿度有关，低温高湿开花延迟，开花速度慢，开放的时间长；高温低湿，花早开，开放快，开放的时间短。每朵花只开放一次。

(5) 果实 甜瓜果实为瓠果，侧膜胎座。果实由子房和花托共同发育而成，果实的形状、大小、颜色、质地、含糖量、风味等特性因品种不同而多种多样，各具特色。甜瓜果肉质地有脆、面、软而多汁、松脆多汁、柔、艮等；果肉纤维有多有少，口感有粗细之分。果肉的厚度差别比较大，厚皮甜瓜果肉厚2.5～5.0厘米，果皮厚0.3～0.5厘米。薄皮甜瓜果肉厚1.0～2.5厘米，果皮厚0.1～0.2厘米。

甜味是影响甜瓜果实品质好坏的主要因素之一，主要来源于果实所含的糖分，成熟的果实主要含有还原糖（葡萄糖、果糖）和非还原糖（蔗糖），其中蔗糖占全糖的50%～60%。通常用可溶性固形物含量衡量甜瓜果肉的含糖程度。厚皮甜瓜可溶性固形物含量一般在12%～16%，最高可高达20%以上；薄皮甜瓜可溶性固形物含量一般在8%～12%。

（6）种子　甜瓜种子由胚珠发育而成。成熟的甜瓜种子由种皮、子叶和胚三部分组成。子叶占种子的大部分空间，富含脂类和蛋白质，为种子萌发贮藏丰富的养分。甜瓜种子形状多样，有披针形、长扁圆形、椭圆形、芝麻粒形等多种形状。甜瓜种子的寿命通常为5～6年，种子含水量低，在干燥冷凉的条件下，种子寿命可大大延长，在新疆、甘肃室内自然保存期可达15～20年，在一般地区干燥器内密封保存可达25年，仍不丧失发芽能力。

12. 甜瓜有哪些生长发育阶段？

不同类型的甜瓜都经历相同的生长发育阶段，即发芽期、幼苗期、伸蔓孕蕾期和开花结果期。

（1）发芽期　从播种至第一片真叶露心，10～15天，主要依靠种子自身贮藏的养分生长，以子叶面积的扩张、下胚轴伸长和根量的增加为主。厚皮甜瓜种子发芽的适宜温度为25～35℃，最适宜的温度为28～33℃；薄皮甜瓜发芽的最适温度为25～30℃，15℃（有些薄皮甜瓜12℃）以下不能发芽。甜瓜种子发芽的最高温度为42℃，42℃以上的高温持续2天后种子死亡。

甜瓜种子需要吸收种子绝对干重的41%～45%的水分，吸水后种皮破裂，代谢加快。供水不足，特别是种子露白时水分少，易产生芽干现象；水分过多氧气不足，种子难以正常萌发。甜瓜与其他作物一样，种子发芽对光的反应属于嫌光性，在黑暗和较黑暗的条件下发芽良好，而在有光的条件下发芽不良。

(2) 幼苗期　从第一片真叶露心到第五片真叶出现为幼苗期，约25天左右。此期根系生长旺盛，花芽分化形成，幼苗生长量较小。此期以叶的生长为主，茎呈短缩状，植株直立。幼苗植株地上部分虽然生长缓慢，但这一阶段却是幼苗花芽分化、苗体形成的关键时期，主蔓已分化20多节，与栽培有关的花、叶、茎蔓都已分化，苗体结构已具雏形。在日温25～30 ℃，夜温17～20 ℃，日照12小时的条件下花芽分化较早，雌花着生节位低，花芽质量较高，2～4片真叶期是分化的旺盛期。

(3) 伸蔓期　从第五片真叶出现到第一朵雄花开放，一般历时20～25天。此期地下部、地上部都生长旺盛，花器官逐步发育成熟，生长量逐渐增加，以营养器官的生长占优势。这一时期根系迅速向水平方向和垂直方向扩张，侧蔓不断发生，迅速伸长。茎叶生长适宜的温度为白天25～30 ℃、夜间16～18 ℃，长期13 ℃以下、40 ℃以上的温度会造成生长发育不良。在伸蔓的营养生长阶段，幼苗同时不断进行细胞分裂，为了使营养生长适度而又不徒长及开花坐果（生殖生长）不受影响，这个时期应及时整枝，对茎叶的生长进行适当调整。

(4) 结果期　从第一朵雌花开放到果实成熟。不同甜瓜的生育期差异主要是结果期长短造成的。早熟、中熟、晚熟品种之间有显著差异。早熟的薄皮甜瓜结果期仅20天左右，晚熟的厚皮甜瓜结果期可长达70天以上。此期营养生长由旺盛变为缓慢，生殖生长旺盛。这一时期以果实生长为中心。根据果实形态变化及生长特点的不同，结果期又分前期、中期和后期三个时期。

①结果前期即坐果期。从留果节位的雌花开放到果实迅速

膨大为止，又称坐果期，需 7～9 天，是决定坐果的关键时期。结果前期，体积和重量虽然增加不多，但植株的营养状况不仅关系到能否及时坐果、避免落花落果，还对果实的发育也有很大影响。因此，要及时进行植株调整，防止茎叶徒长，促使养分向果实运输，以促进幼果膨大是这一时期的主要工作。

② 结果中期即膨瓜期。从果实褪毛开始到果实定个时为止，又称膨瓜期，是决定甜瓜个大小、产量高低的关键时期。早熟小果品种需 13～16 天，中熟品种 15～23 天，晚熟大果型品种19～25 天。这一时期水、肥、光照等条件的好坏可显著影响果实膨大的程度和物质积累的多少，因此，结果中期是决定果实最终产量的关键时期。

③ 结果后期即成熟期。从定个到果实充分成熟时为止，又称为成熟期，此期果肉内物质进行转化，果皮有无色泽，果肉有无甜味、香味，是决定品质好坏的关键时期。早熟品种 14～20 天，中熟、晚熟品种 20 天以上甚至更长。

13. 甜瓜对生态条件有哪些要求？

(1) 温度　甜瓜起源于热带地区，生长发育要求温暖的环境条件，整个生长期间要求有较高的积温。甜瓜喜温暖，各生育阶段对温度要求的严格程度不同，种子发芽最适温度为 28～33 ℃，最低温度为 15 ℃；根系生长最适温度为 22～30 ℃；茎叶生长最适温度为 25～30 ℃；开花最低温度为 18 ℃，最适温度为 20～25 ℃；果实发育期最适温度为 30～33 ℃。甜瓜要求有较大的昼夜温差。茎叶生长期适宜的昼夜温差为 10～13 ℃，结果期为 12～15 ℃。

(2) 湿度　包括空气湿度和土壤湿度。

① 空气湿度。甜瓜生长发育适宜的空气相对湿度为 50%～60%，薄皮甜瓜还可以适应更高的相对湿度。甜瓜地上部忍受低湿的能力较强，只要土壤水分充足，甜瓜可以忍受 30%～40%

甚至更低的空气相对湿度，且生长发育正常。长时间 80%以上的空气湿度，既影响水分、矿质营养代谢和光合作用，而且易患病虫害。不同生育阶段，甜瓜植株对空气湿度适应性不同。开花坐果之前，对较高和较低的空气湿度适应能力较强，开花坐果期对空气湿度反应敏感。开花时空气湿度过低，雌蕊柱头容易干枯、黏液少，影响花粉的附着和吸水萌发。空气湿度过高甚至饱和时，花粉容易吸水破裂。

② 土壤湿度。不同生育期，甜瓜对土壤湿度有不同要求。播种、定植要求高湿；坐果之前的营养生长阶段要求土壤最大持水量为 60%～70%；果实迅速膨大至果实停止膨大期间要求土壤湿度为 80%～85%；果实停止膨大至采收期间要求 55%的低湿。

开花坐果前保持适中的土壤湿度，既保证营养生长所必需的水分，又不致因水分过多造成茎叶徒长。结果前期、中期，果实细胞急剧膨大，为促进果实迅速、充分膨大，必须使土壤含有充足的水分，否则将影响产量；果实体积停止膨大后，主要是营养物质的积累和内部物质的转化，水分过多会降低果实品质，并易造成裂果，降低贮运性，因此应控制土壤水分。

(3) 光照 甜瓜要求充足而强烈的光照。甜瓜正常生长期间要求每天 10 小时以上的日照。日照时数短，植株生长势减弱，光合产物减少，坐果困难，果实生长缓慢，单果重减少，含糖量降低，缺少香气，风味下降。在每天 14～15 小时日照下，侧蔓发生提早，茎蔓生长加快，子房肥大，开花坐果提早，果实生长迅速，单果重增加，成熟期提早，品质提高。

14. 甜瓜是如何分类的？

针对甜瓜种的分类，国际上学术流派较多，不过 2000 年法国 Dr. Pitrat M 在第七届葫芦瓜遗传学与育种会议上发表了

Some Comments on Infraspecific Classification of Cultivars of Melon，综合了从1859年罗典为代表的苏俄-东欧学派在甜瓜分类研究上的合理部分，兼容了全球多个次生起源中心（东亚、西亚、中亚）的品种资源，将甜瓜种分为2个亚种和16个变种，见表1。薄皮甜瓜亚种分5个变种，厚皮甜瓜亚种分11个变种。网纹甜瓜属于厚皮甜瓜亚种网纹甜瓜变种（var. *reticulatus* Seringe），与薄皮甜瓜差别较大，而与同属厚皮甜瓜亚种的哈密瓜较容易混淆，哈密瓜属于厚皮甜瓜亚种夏甜瓜变种（var. *ameri* Pangalo）。两种类型植株的生长特性有一定差异，例如网纹甜瓜的根系较发达，约是哈密瓜的2倍，对水肥也更敏感。

表1　甜瓜种下的亚种和变种分类

厚皮甜瓜亚种 ssp. *melo* Jeffrey		薄皮甜瓜亚种 ssp. *agrestis* Jeffrey	
粗皮甜瓜变种	var. *cantaloupensis* Naudin	越瓜变种	var. *conomon* Thunberg
网纹甜瓜变种	var. *reticulatus* Seringe	香瓜变种	var. *makuwa* Makino
阿达纳甜瓜变种	var. *adana* Pangalo	梨瓜变种	var. *chinensis* Pangalo
瓜蛋甜瓜变种	var. *chandalak* Pangalo	泡瓜变种	var. *momordica* Roxburgh
夏甜瓜变种	var. *ameri* Pangalo	酸瓜变种	var. *acidulus* Naudin
冬甜瓜变种	var. *inodorus* Jacquin		
蛇甜瓜变种	var. *flexuosus* L.		
切特瓜变种	var. *chate* Hasselquist		
梯比希瓜变种	var. *tibish* Mohamed		
闻瓜变种	var. *dudaim* L.		
齐多瓜变种	var. *chito* Morren		

15. 网纹甜瓜生育特性和薄皮甜瓜有什么区别？

（1）根　网纹甜瓜属直根系植物，网纹甜瓜根系大约是薄皮甜瓜的3倍，在生长前期、中期通过栽培技术调节促进根系生长，以达到最适状态。

(2) 叶 网纹甜瓜和薄皮甜瓜相比，叶片更大，叶柄长，裂刻明显，叶色较浅，叶面较平展，褶皱少，有刺毛。同一品种在不同生态条件下，叶片的形状也有差异，水肥充足，生长旺盛，叶片的缺刻较浅；水分过少时，叶片下垂叶形变长。

(3) 花 网纹甜瓜分化速度较薄皮甜瓜快，雌花子房也较薄皮甜瓜大。

(4) 果实 网纹甜瓜属于厚皮甜瓜，果实的形状、大小、颜色、质地、含糖量和风味等特性都与薄皮甜瓜不同。网纹甜瓜果肉质地软糯而多汁；果肉纤维少且细腻，口感有粗细之分；果肉厚2.5～5厘米，果皮厚0.3～0.5厘米，皮质韧不可食用。

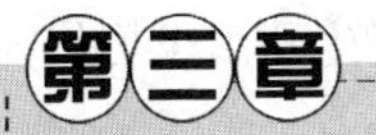

第三章 薄皮甜瓜栽培技术

16. 薄皮甜瓜品种怎么选择？

选择种什么品种直接关系到甜瓜的生产和收益，因此确定种植品种是优先要考虑的问题。首先要针对目标市场，根据当地及外埠消费习惯、需求变化以及价格高低等消费动向来确定品种种植类型。确定品种种植类型以后，要先考虑品种的品质及外观，再看丰产性、适应性和抗逆性及对生长环境和管理水平的要求，并做好品种搭配。以观光采摘为主的还要考虑品种多样化，将不同外皮、不同果肉颜色、不同形状的品种相互搭配。若选择不当或任意引种，将达不到预期的结果，甚至造成不应有的损失，所以要选择在当地试验示范过的品种。

17. 砧木怎么选择？

甜瓜生产容易发生连作障碍而导致病害严重，有效解决途径之一就是嫁接育苗。嫁接的砧木首先要抗逆性强，特别是对枯萎病等病害有较强的抗性。其次选择砧木还要考虑和甜瓜的亲和能力，亲和力好的砧木能够保证嫁接苗正常生长。最后还要考虑嫁接后果实的品质，应选择对果实品质无不良影响的砧木品种。在早春低温季节一般以白籽南瓜为主，常用的南瓜品种有新土佐南瓜、京欣砧 3 号、京欣砧 4 号等。南瓜品种在干燥、黏重的旱地具有稳定的生长势，且坐果性强、产量高。在高温期以生长势稳定的葫芦为砧木，对果实品质影响小。此外，野生甜瓜也可作为砧木要，耐低温，且不影响品质。

18. 薄皮甜瓜的生产对产地环境有什么要求？

最适宜薄皮甜瓜生长发育的土壤是土层深厚、有机质丰富、肥沃且通气性良好的壤土或沙质壤土，土壤固相、气相、液相各占 1/3 的土壤为宜，沙质土壤增温快，更利于早熟。薄皮甜瓜根系生长的适宜土壤酸碱度为 pH 6.0～6.8，也能忍受一定程度的盐碱，在 pH 8.0～9.0 的碱性条件下，薄皮甜瓜仍能生长发育。

19. 薄皮甜瓜主要的育苗方式是什么？

目前生产上主要有营养钵育苗和穴盘育苗两种育苗方式。营养钵育苗属于传统的家庭式育苗方法，营养钵一般直径为 8～10 厘米、高度为 8～10 厘米，装的营养土量大，能够培育大苗。随着集约化育苗的兴起，穴盘育苗逐渐多了起来，穴盘育苗嫁接工效高于营养钵育苗，表现出较大优势，育苗穴盘规格宜为 50 孔或 72 孔。

20. 怎么准备育苗用的营养土和基质？

为了保证幼苗良好生长发育，育苗土应选用保水、保肥、通气性好和营养含量适中的营养土。营养土宜使用未种过葫芦科作物的无污染园田土、优质腐熟有机肥配制，园田土与有机肥比例宜为 3：1，采用 50％多菌灵可湿性粉剂 25 克/米^3，充分拌匀放置 2～3 天后待用。基质宜为无污染草炭、蛭石和珍珠岩的混合物，比例宜为 7∶4∶3，加氮磷钾平衡复合肥 1.2 千克/米^3、50%多菌灵可湿性粉剂 25 克/米^3，充分拌匀放置 2～3 天后待用。

21. 育苗床有什么要求？

通常将育苗场地地面整平，建床。床宽宜为 100～120 厘米，深宜为 15～20 厘米；刮平床面，床壁要直；冬春季宜在床面上铺设 80～120 瓦/米^2 电热线，覆土 2 厘米，土上宜覆盖地布；最后将穴盘、营养钵排列于地布上。

22. 怎么进行浸种和催芽？

浸种催芽前，将种子在阳光下晾晒 1～2 天，再将种子放入 55 ℃左右温水中烫种，并不断搅动。待水温降至常温（25～30 ℃）时继续浸种 4～6 小时，洗掉种子表面黏液。种子充分吸水后沥干，置于烫过拧干的清洁湿布上，把四边折起卷成布卷，布卷外用烫过拧干的湿毛巾包好，放在 28～30 ℃恒温下催芽。每隔6～8 小时打开湿毛巾，换气、保湿。芽长至 0.5～0.8 厘米时，停止催芽，即可播种。

嫁接用的白籽南瓜种子处理和催芽方法同上。包装注明可直播种子无需浸种与催芽。

23. 薄皮甜瓜种子怎么处理？

未经消毒的种子宜采用温汤浸种或药剂消毒处理，起到促进种子吸水、保证发芽快而整齐和对种子表面及内部进行消毒防病的作用。温汤浸种方法见第 22 题。药剂消毒处理的方法主要有：防治枯萎病和炭疽病，可用福尔马林 100 倍液浸种 30 分钟；防治蔓枯病，选用无病种子，或者用福尔马林 100 倍液浸种 15 分钟；防治细菌性角斑病，选用无病株、无病瓜留种，用次氯酸钙 300 倍液浸种 30～60 分钟后用 5%盐酸溶液浸种 5～10 小时，再用清水冲净晾干。药剂消毒达到规定的处理时间后，用清水洗净，然后在 30 ℃的温水中浸泡 3 个小时左右，浸种时间不宜过长或过短。时间过短，种子吸水不足，出芽慢，易戴帽出土；时间过长，种子吸水过多，易咧嘴，影响发芽。一般饱满的新种子浸种时间可适当延长，需 4 小时左右；陈种子、饱满度差的种子浸种时间稍短，需 2～3 小时。另外，需要严格掌握药剂浓度和处理时间才能收到良好的消毒效果。

种子还可以用药剂进行包衣处理。称量需要进行包衣处理的甜瓜种子重量，以便计算需要加入的药剂剂量。处理前先把种子放到准备好的塑料自封袋中（注意检查自封袋的密封性），并将药剂摇匀，然后按照药剂与种子重量比为 1∶20 的比例将药剂加入自封袋中，在自封袋中留有一定体积的空气后将自封袋封好密闭。用手握住自封袋后用力摇晃，使自封袋中的药剂与种子充分混合均匀。将包衣之后的种子从自封袋中倒出摊开，放在阴凉通风处，把种子晾干。所有包衣处理后的种子可以直接播种，切记不需要再进行任何的浸种催芽等处理。

24. 不同茬口的播种时期是什么时候？

播种育苗的时间主要根据定植时期和苗龄确定，设施栽培瓜苗的适宜时期以棚内 10 厘米处地温保持在 15 ℃以上、瓜苗 3～4 片真叶大小为宜，所以育苗过早、过晚都不好。薄皮甜瓜有春茬和秋茬两个主要生产茬口。春茬涉及日光温室和塑料大棚等设施栽培，为了抢早生产，一般日光温室栽培宜于 12 月中旬开始播种。春茬生产播种可持续到翌年 3 月中旬。秋季设施栽培宜于 7月上旬播种。

25. 目前生产上的甜瓜品种有哪些？

薄皮甜瓜品种较多，目前主要有绿宝系列、龙甜系列、众天系列、京蜜系列、京雪系列、齐甜系列、博洋系列、天美系列、羊角脆、花蕾、竹叶青、八里香、十棱黄金瓜、海东青和白兔娃等。

26. 播种时的注意事项有哪些？

播种前一天将营养土或基质浇透，当床温稳定在 15 ℃以上时，在营养钵或穴盘孔中央深挖 1.0～1.5 厘米的播种穴，把甜瓜催芽种子平放于穴内，每穴 1 粒，覆 1.0～2.0 厘米厚营养土或蛭石，最后苗床覆膜保湿。用湿土压实薄膜边缘，使用地热线升温保温，苗床底部温度最好在 20 ℃以上，不低于 16 ℃，确保顺利出苗。

27. 播种后的苗床怎么管理？

播种至出苗前（约 5 天）严密覆盖，以防寒、增温、保湿为主，促出苗快而整齐，白天温度宜为 28～32 ℃、夜间温度宜为 17～20 ℃。子叶出土后应撤除地膜防止徒长，并开始通风降低苗床温度，白天温度宜为 25～28 ℃，夜间温度宜为 15～18 ℃。真叶普遍发生后小棚内温度白天可提高到 28～30 ℃，并注意通风换气，防止幼苗胚轴徒长。保持营养土或基质相对湿度在 60%～80%为宜。定植前 3～5 天进行炼苗，以适应栽培设施内的环境。

28. 砧木怎么育苗？

当甜瓜接穗子叶出土至长出 1 片真叶、真叶 2 分硬币大小时，再播砧木南瓜种子。为防止种子带菌，用福尔马林 100～

150 倍液浸泡 30 分钟或者用 50%多菌灵可湿性粉剂 500～600 倍液浸泡 1 小时，冲洗干净后浸种。催芽方法同接穗催芽，播种采用常规育苗方法即可。出苗前，地温保持在 25～30 ℃，一般5～6 天出苗，出苗达到 70%时，要及时揭去地膜，降低苗床的温度，防止徒长，白天温度保持在 20～25 ℃，夜间温度保持在 15～20 ℃，育苗期间如果不出现缺水现象尽量不浇水。嫁接前 1～2天适当放风炼苗，控制浇水，提高砧木适应性，以免嫁接时胚轴劈裂，降低嫁接苗成活率。

29. 嫁接的主要方法有哪些？

目前嫁接的主要方法有顶插接、靠插接、贴接法等方法。顶插接一般不需要固定，操作简单、嫁接工效高，嫁接苗成活率也高，是目前生产上常用的嫁接方法之一。靠插接接口愈合好，成苗长势旺，嫁接苗成活率高，但操作复杂工效低，不太适合大面积生产应用。贴接法操作简单，嫁接速度快，切面接触面大，切口愈合快，嫁接成活率高，也是目前生产上常用的方法之一。以贴接法为例，主要的嫁接过程如下。嫁接在日光温室内进行，若晴天必须遮光，防止阳光直射造成幼苗失水萎蔫，影响嫁接苗成活率。嫁接工具为嫁接刀（用普通刀片或自制嫁接刀，要求刀片锋利）和嫁接夹。嫁接前，嫁接夹应先洗净，然后在福尔马林 200 倍液中浸泡 8 小时消毒。嫁接用的刀片和操作人员的手用 75%酒精消毒。当南瓜砧木刚出真叶（两子叶基本展平），甜瓜 2 叶 1 心时用贴接法嫁接。选用与接穗苗大小相近砧木，去掉生长点（真叶），在砧木下胚轴上端靠近子叶节 0.5～1.0 厘米处，用刀片呈 45°向下削 1 刀，深达 1/3～1/2，长约 1 厘米，然后在接穗的相应部位向上呈 45°斜切 1 刀，深达 1/2～1/3。长度与砧木接口相同，左手拿砧木，右手拿接穗，自上而下将两切口嵌入，在接口处用嫁接夹固定，使切面密切结合。1周后嫁接苗成活。

30. 嫁接苗床怎么管理?

(1) 温度 嫁接后前3天苗床应密闭、遮阴，白天温度宜为25～28℃，夜间温度宜为18～20℃；3天后早晚见光、适当通风；嫁接后8～10天真叶普遍发生后恢复正常管理，小棚内白天温度宜为20～25℃，夜间温度宜为16～18℃，防止砧木幼苗胚轴徒长。

(2) 湿度 嫁接前苗床浇透水，嫁接苗入床后，覆盖薄膜，以棚膜上出现水珠为宜，2～3天内密闭不放风，苗床应保持空气相对湿度在95%以上。嫁接3～4天后，逐渐加大通风量和通风时间，但是苗床内仍然要保持85%～90%的相对湿度。7～10天后按正常苗床管理即可。

(3) 光照 嫁接后2～3天内避免阳光直射苗床，使用黑色薄膜或纸被、遮阳网等遮蔽。嫁接4天后，早晚除去遮盖物，避免瓜苗徒长。嫁接1周后，只在正中午时遮光，直到嫁接苗遇光不萎蔫后即可。嫁接10天后可完全撤掉遮盖物。

(4) 植物保护 喷雾加湿时可用75%百菌清可湿性粉剂800倍液或50%多菌灵可湿性粉剂1 000倍液，喷1～2次，可防苗期多种病害。

(5) 炼苗 嫁接成活后要及时摘除砧木上萌发的侧芽，定植之前一般摘除3～4次。定植前1周将有病植株和生长不良的苗去掉，定植前7～10天对嫁接苗进行炼苗，白天温度控制在22～24℃，夜间温度控制在13～15℃。一般嫁接后25～30天，苗具有3～4片真叶时即可定植。

31. 薄皮甜瓜定植前的准备工作有哪些?

(1) 整地做畦 薄皮甜瓜的主要根群呈水平状态生长，根系好气性强，土壤应选择深厚肥沃、土质疏松且通气性良好的沙质壤土或壤土。及时深翻土壤，施足底肥，每亩*地施入充分腐熟有机肥 3 000～4 000 千克或商品有机肥 1 000～2 000 千克、氮磷钾复合肥 40～50 千克。定植前浇 1 次底水，整地起垄，垄高 15～20 厘米，南北垄向，单行定植或一垄双行定植，铺设滴灌管，覆盖地膜保温。

(2) 适时扣棚 不同设施扣膜时间不同，为了保证 10 厘米处土温稳定在 15 ℃，塑料大棚可提前 30～60 天扣棚。部分瓜农在早春栽培时提高地温的做法是先做二层天幕，做好定植畦，定植前浇透水，不覆地膜，这样可使白天的温度续集到土壤中，到了晚上，如遇低温，地气反热可以直接向上，不至于将幼苗冻死，如果铺上地膜，地气翻上来的热量受地膜的影响，在一定的温度条件下幼苗有可能会冻死。使用天幕覆盖技术，可以提高日光温室或塑料大棚内的温度，比正常定植可提前 7～10 天，能够使甜瓜提早上市。两层天幕铺设方法如下。

① 覆盖薄膜宜采用 2 米宽、0.014 毫米厚的聚乙烯无滴膜，这种薄膜保温、透光性好，且宽度适宜。

② 幕的骨架由铁丝搭建而成。每层幕单独搭建，于两侧棚门对应立柱的相同位置平行对拉 5～7 根铁丝，再用细铁丝将其固定在棚顶上（铁丝间宽度约 1.8 米），形成拱架结构（与大棚拱架基本平行），作为骨架主体。外幕拱架要距棚顶 30 厘米以上，内幕拱顶高度以成人伸手够到为宜。内外幕骨架要保持平行，两者上下间距约 20 厘米。

③ 两幕的膜间距离宜控制在 15 厘米以上，这样既利于保温，又能防止由于两膜间距离过近，造成薄膜粘连，影响保温效果。幕四周近地处薄膜用土盖严。

④ 每块薄膜间用夹子连接，夹子要采用夹嘴约 1 厘米宽的塑料夹。

---

* 亩为非法定计量单位，1 亩≈666.7 米^2。——编者注

32. 薄皮甜瓜定植注意事项有哪些?

(1) 定植时间　定植时间直接影响到甜瓜上市的早晚。早定植，温度低，不易成活；晚定植，影响上市时间。选择晴朗无风的天气进行，春季栽培在2月上旬至4月中旬定植，秋季栽培在7月下旬至8月上旬定植。

(2) 定植密度　薄皮甜瓜吊蔓单蔓整枝栽培定植密度宜为1 800～2 200株/亩。爬地多蔓整枝栽培定植密度宜为800～1 000株/亩。厚皮网纹甜瓜吊蔓整枝定植密度宜为1 800～2 200株/亩。

(3) 保温措施　春季定植后大棚膜、二层幕、小拱棚都要密闭增温，地温最好保持在25～27℃，白天温度控制在30℃，夜间温度不得低于15℃，交叉风口放风。为了使两边的温度和中间的温度能保持一样，保证坐瓜节位整齐，授粉时间一致，在棚宽9米以上的大棚，棚内靠近两边的瓜苗用3米的弓架支拱棚，中间用2米的弓架支拱棚，这样两边拱棚可比普通栽培提高2℃左右。

33. 薄皮甜瓜定植后田间温度怎么管理?

(1) 缓苗期　定植后的幼苗由于生长环境发生变化，生长变得较为缓慢，为确保幼苗尽快恢复生长，白天温度宜为30～35℃、夜间温度宜为20℃以上。

(2) 伸蔓期及孕蕾期　从第五片真叶出现到第一朵雌花开放为伸蔓期，20～25天，此时期地下和地上部分生长旺盛，建立起强大的营养体系，是为果实膨大期奠定物质基础的关键时期，为防止植株生长过旺，通过水肥管理、及时整枝并对茎叶的生长做适当地调整，确保营养生长和生殖生长的平衡。此期间茎叶的生长适宜温度：白天温度为 25～30 ℃，夜间温度为 16～18 ℃，如果长时间处于 13℃以下、40 ℃以上，会造成生长发育不良等影响。

(3) 结果期 从第一朵雌花开放到果实成熟为结果期。结果期的长短与品种的特性有关。早熟的薄皮甜瓜结果期仅 20 天左右。此时期由营养生长转变为生殖生长。根据果实发育的特点，又可以分为结果前期、结果中期和结果后期。此时期白天温度控制在 25～30 ℃，夜间不能低于 10 ℃；如果上午棚温达到 30 ℃时需开风口通风，下午棚温降至 25 ℃时需关闭风口，以保证夜间温度不会过低，以后随着外界气温的升高可逐渐加大通风量。根据当地终霜后 10 天左右，外界气温已达到甜瓜生长的需要，即可拆除棚内拱棚。另外，还可以安装天窗等设备降温排湿。

34. 薄皮甜瓜定植后田间湿度怎么管理？

甜瓜生长发育适宜的相对空气湿度为 50%～60%，薄皮甜瓜比厚皮甜瓜较耐湿。甜瓜不同的生育时期对水分的要求不同，种子发芽期要求需水量大，播种前应充分灌水。幼苗时期因根系较浅，保持土壤湿润，土壤含水量为 60%；营养生长阶段，空气湿度稍高和稍低影响不大，要求土壤最大持水量为 60%～70%；开花期和坐果期对空气湿度反应敏感，果实膨大期要求空气湿度为 80%～85%；果实成熟期对土壤湿度要求稍降低，田间持水量保持在 50%～60%，过高或过低容易引起裂瓜。

35. 薄皮甜瓜定植后田间光照怎么管理？

甜瓜喜好强光，不耐阴，生育期间要求充足的光照，日照时间为每天 10 小时以上。光照充足，甜瓜的植株型长势紧凑，节间和叶柄短，蔓粗，叶子大而肥；日照时数短，植株的生长势弱，坐果难，单瓜重减小，风味下降等。薄皮甜瓜较耐弱光且光的补偿点也较低。

36. 薄皮甜瓜定植后田间怎么灌溉？

（1）定植水　当天定植，马上浇水，根据墒情适量浇水，土壤湿度保持在 70%～80%最好。

（2）缓苗水　定植后 3～4 天浇 1 次缓苗水，在一般情况下，生长前期不再浇水，以利于根系向纵深生长，增强植株后期的抗旱能力。注意避免大水漫灌，根据墒情适量浇水，浇缓苗水需要晴好天气，放风量大时，滴灌浇水 30 分钟，需用水 1.5～2.5 吨，阴天、雾霾天不浇水，如果太干，可喷叶面肥补充水分。

（3）伸蔓水　缓苗水浇过后 1 周左右，植株 8～9 片叶，浇 1 次伸蔓水，根据墒情适量浇水，植株伸蔓后、坐果前，需水量逐渐加大，这时需浇 1 次伸蔓水。开花前如果浇水过多，容易引起落花落果，但是干旱的时候，坐果前应浇水，以保花保果；滴灌浇水 2～3 小时，10～15 吨水即可。

（4）膨瓜水　果实迅速膨大，此时期需水量最多，根据墒情适量浇水，因此膨瓜水要浇足，膨瓜期浇水要勤，水量要大，滴灌浇水 3～4 小时，15～20 吨水，浇水时间应掌握在绝大多数植株都已经坐果，且果实如鸡蛋大小，已经疏果后进行，每隔 7～10 天浇 1 次小水，以满足果实膨大的需要。果实膨大后要控制浇水，收获前 10～15 天停止浇水。

（5）定瓜水　此时需水量小，滴灌浇水 30 分钟至 1 小时，2.5～5 吨水。

早晚进行浇水比较适宜，切忌大水漫灌，浸泡植株，宜采用滴灌等节水方式浇灌，浇水要见干见湿，不干不浇，见干就浇；坐果前尽量不浇或者少浇；果实膨大期及时浇水，如果缺水严重，在果实膨大期，可以按株浇水；果实长足，应该控制浇水；果实接近成熟时，需水量大大减少，控制浇水可促进果实成熟。

37. 薄皮甜瓜定植后田间怎么追肥？

薄皮甜瓜生育期短，需施足底肥，不必追肥，但如果地力差，基肥施用不足，植株长势弱时，应适时适量追肥。甜瓜茎蔓生长迅速，为使植株早发晚衰，生长健壮，也应追肥，并结合浇水，以水调肥。坐果后土壤保肥性好，施肥应少次多量；保肥性能差的沙土地，追肥应勤施少施；轻施瓜前肥，重施瓜后肥。基肥不足或者保肥性能不好的沙土地，应追施 1 次提苗肥或促蔓肥，每亩施尿素 5～10 千克、过磷酸钙 8～15 千克；定瓜后（幼瓜鸡蛋大小），根据果实情况，在离瓜根 30 厘米处打洞穴施尿素 5～8 千克、过磷酸钙 5 千克、硫酸钾 10 千克。

植株根外追肥：坐果后每隔 7 天左右喷 1 次 0.3%磷酸二氢钾溶液，连续进行 2～3 次，有利于提高果实可溶性固形物含量。追肥后 2～3 天要加大通风，防止氨气灼伤茎叶，果实成熟前 10～15 天停用肥水。

38. 薄皮甜瓜怎么进行植株调整？

植株调整宜在晴天进行。吊蔓栽培宜采用单蔓整枝，爬地栽培宜采用多蔓整枝。

(1) 单蔓整枝　主要用于温室、大棚早熟栽培，宜在主蔓 25～30 节摘心，以利调节养分分配，主蔓 7～11 节的子蔓留第一批果，16～20节的子蔓留第二批果，其余子蔓全部摘除。当预留节位最低位的雌花开花当天，最上部的雌花刚放黄时，用氯吡脲（使用浓度按照说明书配制即可）连续喷瓜胎5～6个，第一茬瓜选留4～5个果。第一茬瓜基本定个后，主蔓上部节位长出的子蔓可再次喷药留2批瓜，每批选留2～3个果。不留果的子蔓、孙蔓要及早抹掉，但主蔓顶部必须留1～2条子蔓不摘心，保留1～2个生长点，做到结瓜子蔓分布合理，保证通风透光。

（2）多蔓整枝　甜瓜主蔓4叶1心时摘心，选留3～4条健壮子蔓，选留子蔓6～8节摘心，子蔓2～4节的孙蔓坐果，每蔓留1～2果，其余孙蔓及时摘除。

39. 薄皮甜瓜授粉的注意事项有哪些？

薄皮甜瓜多为人工授粉，能够提高坐果率和产量，同时也可以避免坐果节位不一。甜瓜开花后2小时内雄花花粉的生活力最强，人工授粉一般在9:00以后开始，1朵雄花可涂抹2～3朵雌花，也可收集雄花花粉用软毛笔涂抹雌花。为了更好地坐果，可以在果前1～2片叶摘心。此外，如遇阴雨天还可以用氯吡脲，但要注意使用的浓度，按说明书配制，使用不当会产生畸形瓜。蜂授粉技术已在生产上应用，在雌花开放前2～3天，每亩用1箱熊蜂或蜜蜂，蜂箱放置设施中部。

40. 薄皮甜瓜怎么选瓜和留瓜？

留瓜的位置和数量因品种和整枝方式而确定，甜瓜一株可结多个瓜，及时选瓜留瓜非常重要，过早看不出优劣，太晚会浪费植株的营养，幼瓜在鸡蛋大小、开始迅速膨大时选留即可，留瓜选择果形好、个大、颜色鲜亮、果脐小，果柄粗大的为好。一般每株第一茬果选留 4~5 个以上，植株中部节位以上的果实；第二茬果需植株 15 片叶以上留果，以孙蔓结果为主，具体留果还需视情况而定。

41. 薄皮甜瓜怎么判断果实熟了？

甜瓜的品质和商品性与成熟度密切相关，必须在果实充分成熟时采收。果实成熟的判断依据如下。

（1）时间 不同品种从开花到果实成熟所需要的时间差别很大。一般早熟品种为 30 天左右，中熟品种 35 天左右。温室大棚、冷棚栽培可在开花坐果时挂牌作为标记，到成熟采摘时可收回。高温期间，栽培成熟期相应缩短，早春地温栽培或秋冬保护地栽培则成熟期较长。严格整枝，适当肥水管理，果实成熟期也较早；反之，水肥过多过大，特别是氮肥过多，植株、叶片生长旺盛，果实成熟期延长。

（2）离层 多数品种果实成熟时，果柄与果实的着生处会形成离层。

（3）香气 有香气的品种，果实成熟时香气开始产生，成熟越充分香气越浓。

（4）硬度 成熟时果实硬度有变化，果脐部分首先变软，用手按压果实有一定的弹性。

（5）植株特征 坐果节卷须干枯，叶片失绿变黄，可作为果实成熟的标志。

42. 薄皮甜瓜采收要求有哪些？

采收时间应选择在瓜田温度较低（20 ℃以下），清晨瓜的表面无露水时为宜。外埠销售的果实宜八九成熟、傍晚采摘。

薄皮甜瓜皮薄易碰伤，果实肉薄、水多，容易倒瓤，不耐贮运，因此，采收时要轻拿轻放。

第四章 网纹甜瓜栽培技术

43. 网纹甜瓜是如何分类的？

日本网纹甜瓜品种有不同的分类方式。按照栽培方式可分为温室栽培、大棚栽培和露地栽培品种；按果肉颜色可分为黄绿色肉品种和红色肉品种；按品种特性和果实表面的网纹可分为细网类型、中网类型和粗网类型网纹甜瓜品种。

44. 网纹甜瓜的起源以及在日本的发展过程是什么？

起源欧洲，日本明治初年的“劝农政策”推动了甜瓜的引进，1878 年北海道开始种植网纹甜瓜。第一次世界大战期间，温室甜瓜栽培进入蓬勃发展期，从东京京郊发展到神奈川县，同时静冈县的黄瓜温室也大面积种植网纹甜瓜，所以至少到 1960 年为止，日本的温室甜瓜即为网纹甜瓜，主要品种是伯爵颇爱（Earl's Favcurite）和不列颠女王（British Queen）。

45. 网纹甜瓜在中国的栽培区域和分布情况如何？

全国从南向北在海南、浙江、上海、河南、山东、山西、河北、北京、内蒙古、辽宁、黑龙江等地均有种植。2015 年全国种植面积约 2 000 亩，2016 年达到 5 000 亩以上，2017 年种植面积近

2万亩，2018年达到4万亩左右，集中产地是三亚乐东和山东海阳。其中，细网类型网纹甜瓜种植面积大，粗网类型占比不足10%。

46. 目前中国网纹甜瓜的主要品种以及特性是什么？

（1）主要的细网类型网纹甜瓜品种

① 翠甜。2018年种植面积约7 000亩，高圆果细网，果肉绿色，熟期45天左右，易上糖，种植技术简单。农友种苗（中国）有限公司产品。

② 网纹5号（网5）。2018年种植面积约5 000亩，圆果细网，果肉绿色，熟期55天左右，易上网，易栽培，易上糖且稳定，纤维粗，耐低温。泰安市正太科技有限公司产品。

③ 鲁厚甜1号。2018年种植面积约3 000亩，椭圆果细网，果肉绿色，熟期50天左右，易上网，耐低温。果肉纤维粗，表面有绒毛。山东省农业科学院蔬菜花卉研究所育成。

④ 库拉。2018年种植面积约1 000亩，高圆果细网，果肉绿色，熟期45天，易上网，易栽培，有香蕉香味。上海惠和种业有限公司产品。

⑤ 帅果5号。2018年种植面积约200亩，圆果细网，果肉绿色，熟期50天左右。网纹易形成，易栽培，抗白粉病，适宜早春设施栽培。中国农业科学院蔬菜花卉研究所育成。

（2）主要的中网类型网纹甜瓜品种

① 阿波绿。2018年种植面积约7 000亩，圆果中网，果肉绿色，熟期55天左右，易上网，易上糖且稳定，但对低温和高温的耐性一般，玫珑品牌专用品种。大连米可多国际种苗有限公司产品。

② 牛美龙3号（牛3）。2018年种植面积约5 000亩，圆果中网，果肉绿色，熟期55天左右，易上网，易上糖且稳定，香味足耐贮藏，耐低温性稍差，受电商欢迎。田书沛育成。

③ 蜜绿。2018 年种植面积约 2 500 亩，圆果中网，果肉绿色，熟期 55 天左右，易上网，易上糖，易栽培，耐低温性好，耐白粉病，果香味。上海惠和种业有限公司产品。

④ 帅果 9 号。圆果中网，果肉橘红色，熟期 55 天左右，网纹易形成，抗白粉病，适宜春、秋设施栽培。中国农业科学院蔬菜花卉研究所育成。

⑤ 碧龙。2018 年种植面积约 200 亩，圆果中网，果肉碧绿色，熟期 48 天左右，栽培技术较难。春秋保护地品种，有果香味。天津科润蔬菜研究所育成。

⑥ 瑞龙。2018 年种植面积约 200 亩，圆果中网，果肉绿色，熟期 50 天，栽培技术较难。春季保护地品种，有果香味。天津科润蔬菜研究所育成。

⑦ 瑞龙 2 号。2018 年种植面积约 500 亩，圆果中网，果肉绿色，熟期 53 天，栽培技术较难。耐热性好，秋季保护地专用品种，有果香味。天津科润蔬菜研究所育成。

(3) 主要的粗网类型网纹甜瓜品种

① 阿鲁斯。2018 年种植面积约 800 亩，圆果粗网，果肉黄绿色，熟期 55～60 天，栽培技术较难，春夏秋系列品种全，有果香味。上海惠和种业有限公司产品。

② 比美。2018 年种植面积约 400 亩，圆果粗网，果肉黄绿色，熟期 55～60 天，栽培技术较难，春夏秋系列品种全，有果香奶香混合味。上海惠和种业有限公司产品。

③ 帕丽斯。2018 年种植面积约 200 亩，圆果粗网，果肉橙红色，熟期 55～60 天，栽培技术较难，春夏秋系列品种全，有淡麝香味。上海惠和种业有限公司产品。

47. 我国网纹甜瓜的生产现状如何，存在什么问题？

随着国民生活水平的提高，消费者对品质的追求日趋明显，近年网纹甜瓜发展势头迅猛，2018 年种植面积达到 4 万亩左右，以林师傅口口蜜（细网）、玫珑（中网）种植面积各达 7 000 亩为首，网纹 5 号和牛美龙 3 号的种植面积各 5 000 亩，其中粗网类型品种种植面积不超过 5 000 亩。细网类型品种因种植技术简单、早熟特点迅速占领大量网纹甜瓜市场，预测未来 3 年细网类型品种会出现泛滥的状态，网纹甜瓜市场会重新洗牌，粗网类型品种的需求会迅速上涨。目前，众多果品公司例如海南纯绿农业研发有限公司、永辉超市、鲜丰水果股份有限公司等都在逐步尝试引进粗网类型品种的产品。

粗网类型品种的主要问题是对栽培条件要求较高，从全国生产情况看，大部分技术人员常采用哈密瓜的种植技术栽培网纹甜瓜，导致网纹甜瓜田间商品率较低。网纹甜瓜栽培过程对施肥、土壤温度、空气湿度等要求较高，尤其裂网纹期间，必须严格控制好温湿度。如温湿度过高，裂口会增大，导致后期无法愈合；温湿度过低，则无法裂纹或网纹很少、很细。

48. 网纹甜瓜的生长发育主要分为几个阶段？

（1）发芽期 从播种至第一片真叶露心，10～15 天，主要依靠种子自身贮藏的养分生长，以子叶面积的扩张、下胚轴伸长和根量的增加为主。种子发芽的适宜温度为 25～35 ℃，最适宜的温度是 28～33 ℃。甜瓜与其他作物一样，种子发芽对光的反应属于嫌光性，在黑暗和较黑暗的条件下发芽良好，而在有光的条件下发芽不良。

（2）幼苗期 从第一片真叶露心到第五片真叶出现为幼苗期，约 25 天左右。

（3）伸蔓期 从第五片真叶出现到第一朵雌花开放，20～25 天。

（4）结果期 从第一朵雌花开放到果实成熟。生育期不同的甜瓜主要是结果期长短的差异。早熟、中熟、晚熟品种之间有显著差异。细网网纹甜瓜结果期一般为45～55天，粗网网纹甜瓜一般结果期为50～60天。

49. 网纹甜瓜和哈密瓜外观有什么区别？

哈密瓜多为椭圆形；网纹甜瓜则为高圆，果实纵横径比为1.1∶(1～1.1)。

外观的纹路，纵横相交的叫网，只有竖没有横的叫纹，所以哈密瓜的外表叫纹（近几年有的育种专家在哈密瓜育种过程中杂交了网纹甜瓜的基因，此类品种另说）。

哈密瓜果皮颜色类型更丰富，有黄色、灰色和绿色等；网纹甜瓜果皮颜色为浅绿色、灰白色。

商品哈密瓜对纹路凸起没有要求；商品粗网网纹甜瓜凸起0.6毫米以上，且网纹横截面呈圆弧状。

商品哈密瓜对瓜柄没有要求；商品网纹甜瓜瓜柄需呈短T形。

哈密瓜单瓜重目前还是以产量为主要目标，小型哈密瓜可以长到2.5千克多；网纹甜瓜1.4～1.7千克最宜。

50. 网纹甜瓜和哈密瓜的口感有什么差异？

哈密瓜大部分为橙色肉，在不同地区也有少量黄色或绿色果肉作为特色哈密瓜类型在逐步推广；网纹甜瓜肉色有橙红色和黄绿色两种（橙肉显性，绿肉隐性），市场上网纹甜瓜以绿色肉为主。

哈密瓜口感香甜酥脆；网纹甜瓜口感软绵香糯，果肉具麝香味，最早的品种是British Queen，具浓郁的麝香味，市场接受度差异大。

哈密瓜肉质松脆爽口、水分多，折光糖含量17%以上且哈密瓜收获后不需要进行后熟，需要尽快食用，贮藏时间越长，肉质的松脆感会逐步下降，降低其商品性；网纹甜瓜在达到充分成熟的生育天数后，折光糖含量15%以上收获，收获后在常温条件下后熟1周左右、果蒂处轻轻按压变软后即达到最佳食用时间，切开后可用勺子轻挖果肉食用，冷藏后食用口感更佳。

51. 网纹甜瓜和哈密瓜栽培技术有什么不同？

哈密瓜在我国哈密地区大面积露地种植，粗放管理，口感酥脆，关键是产量高；网纹甜瓜主要追求品质，在栽培过程中劳动力投入密集。

栽培细节也存在很大差异。网纹甜瓜特别是温室阿鲁斯系网纹甜瓜，由于它本身所具备的一些生物遗传性状决定了其对肥料需求很小且敏感，又因其发达的根系吸肥能力非常强，不可以进行大水大肥管理，而是需要根据实际情况（比如天气、温度、土壤含水量和含肥量）循序渐进地调整管理措施。一个合格的高端网纹甜瓜，必须具备赏心悦目的网纹外观，这就需要在裂网纹期间不断地对棚内温湿度进行变换管理。而哈密瓜原产于中亚，20世纪90年代哈密瓜“东移南进”，经过育种家改良后，目前在全国大部分地区都有种植，已经形成一系列耐低温性、耐高温性品种，全生育期对温湿度特别是湿度不是特别敏感，且对网纹的美观度要求不高，所以在整个生育期只要在保证瓜大小的前提下，对水肥的管理也没有特别大的要求。

52. 优质粗网网纹甜瓜的品质包括哪些内容？

粗网网纹甜瓜的品质包括商品品质、风味品质和营养品质。其中商品品质占40%，后两者占60%。果实外观美丽、大小适中、果形近正球（果形指数1～1.1）、不畸形、不裂果、无病斑、无斑块、皮色鲜亮、网纹美观且凸起0.6毫米以上，花痕直径小于2厘米、瓜柄呈短T形、果肉厚3厘米以上、肉质致密、耐贮运。果肉脆、细、甜、爽口、纤维少、口味纯正、有芳香味、有回味，中心糖与边糖差异梯度小（一般相差2%～3%）的网纹甜瓜为优质网纹甜瓜。

53. 如何判断网纹甜瓜的植株长势？

（1）生长点 雄花距离生长点最近的只有20厘米，节间短，呈黄绿色，像密植的黄瓜苗一样生长点不清晰并且很短，花呈簇状，在这种情况下，一般果实长不大。主要是因为：定植了老化苗；定植后的低温；肥料不足；灌水不足造成的干旱。一般生长旺盛期的主枝，生长点到雄花的开花节位，最少要有40厘米。

（2）叶形 幼苗期的叶是圆形，随着长大出现刻痕。同一品种，在低温环境、水分不足状态下刻痕就深；反之，如果是长成圆形、刻痕少的叶子，一般是在高温环境、水分过多状态形成的，营养生长比较旺。再者，同一品种，在普通的生长状态下，蔓长得最快的时候刻痕容易变深。

（3）叶色 品种不同，差异很大。西班牙甜瓜系的黄皮系叶色淡，阿鲁斯系特别是夏季系，叶色浓得多。如果是同一品种，则是营养状态好的叶色浓、营养状态不好的叶色淡。

甜瓜初期叶色过浓会发生坐果不良，后期叶色过浓容易产生糖积累不良。

（4）节间长短 同一品种，如果节间长的话，主要原因是环境高温、多湿；短的话，主要原因是低温、干燥。另外，如果坐果较多，特别是折光糖含量上升期，植株生长迟钝，节间也会变短。

54. 长势过旺是什么原因引起？有什么结果？

长势过旺，主要是因为：品种特性；施肥过多；灌水量过多；设施内极端闷热；整枝迟延。此时，营养生长强，雌花着生差，坐果难，易化瓜。另外，有时会结实过大，但最终折光糖含量也很难上升。

55. 长势过弱是什么原因引起？有什么结果？

长势过弱，主要是因为：品种特性；施肥不足；灌水量不足；设施内极端干燥；一时整枝过度。如果长势稍微偏弱雌花着生好、坐果也多，但坐果后膨瓜有问题，果实肥大困难。

56. 网纹甜瓜在我国的坐果方式是什么？

无论是粗网类型（以阿鲁斯为代表）的网纹甜瓜，还是细网类型（以安第斯为代表）的网纹甜瓜，引进中国进行设施栽培，均采用立体吊蔓栽培，为了保证较高的商品性，两种类型都一株一果。

坐果位置对果实的大小（果重）、果形和网纹的发生有很大影响。

（1）果实的大小　坐果节位越高，果实越大。

（2）果形　坐果节位低，果形为扁平果；坐果节位高，果形为纵长果。

（3）网纹的发生　坐果节位越低越密，网纹越凸起，坐果节位越高越稀疏，网纹凸起不足，一般都在11～14节。

一般通过大果品种在低节位坐果、小果品种在高节位坐果来调整果实的大小。

57. 浅网网纹甜瓜地爬种植的优缺点?

细网类型（以安第斯为代表）在日本一般采用地爬栽培的方式较多。优点：管理省力，不用吊蔓，用种量少，可以提早种植、提早上市，亩产量高。缺点：外观网纹一般，管理不当容易造成表皮网纹阴阳面。

58. 种植网纹甜瓜的肥料使用建议是什么?

粗网类型（以阿鲁斯为代表）的网纹甜瓜，由于根系发达，吸水吸肥能力强，如果是生茬地，建议每亩用肥量为 7 千克纯氮磷钾，如果设施连年种植且用肥较多，建议不施化肥，每亩用 1 吨有机肥。

细网类型（以安第斯为代表）的网纹甜瓜，根系没有粗网类型发达，吸水吸肥能力略差，适量的肥料可以促进果实膨大以及品质形成，所以建议用肥量为每亩 1 吨有机肥，20 千克纯氮磷钾。

59. 甜瓜育好苗的重要性?

甜瓜与同样是葫芦科的黄瓜差异很大。黄瓜在果菜类中是营养生长和生殖生长同时进行的代表性作物，而甜瓜在初期是营养生长，中途大转换，后期转为生殖生长。甜瓜只收获 1 次，所以在栽培阶段因错误管理造成的损失是不可挽回的。苗期根系的好坏决定了后期缓苗、扎根的情况；苗期植株也开始花芽分化，所以育苗期和定植期非常关键，错一步都无法挽回。

60. 如何确定育苗时期？

育苗时期是按照计划甜瓜上市时间往前推算，春季苗期30～35 天为宜，根据选择的品种生育期长短推算育苗期。

61. 网纹甜瓜播种前种子怎样处理？

合格的商品种子在销售前都会对其进行杀菌消毒，确保都不带有细菌和病毒，保证小苗健康茁壮生长。为了确保种子发芽整齐、幼苗生长一致，关键是在播种前催芽。未经过干热风处理过的种子可先在 45～50 ℃浸种 4 小时左右，促进种壳软化，以利于发芽整齐；浸种后用湿毛巾包裹放在发芽盒内置于恒温 30 ℃的催芽箱内进行催芽，一般在 24～36 小时内、嫩芽露白就可以播种。

62. 网纹甜瓜育苗用多少孔的穴盘？

直径 9.0 厘米的营养钵容积 350 毫升，可以养大苗，早春种植推荐。穴盘基质用量少很多，规格可分为 32 孔、50 孔和 72 孔，每穴的基质量分别约为 110 毫升、55 毫升和 40 毫升。推荐 32 孔，集约化育苗网纹甜瓜至少用 50 孔。

63. 为什么要催芽？

种子的发芽，有发芽率和发芽势两个指标。发芽率很重要，但更重要的是发芽势。虽然发了芽，可是过几天才慢腾腾地长出来的发芽方式叫发芽势差。催芽就能保证出苗整齐。

64. 网纹甜瓜苗期温度管理条件?

发芽前要确保床温在30℃，保证出苗整齐。幼苗开始拱土，将床温降至28℃，下胚轴伸出基质，温度降至25℃能有效避免徒长。白天气温保持在24～25℃，夜间气温保持在17～18℃。白天和夜间地温20℃。定植的2～3天前，气温、地温都降低2～3℃进行炼苗。

65. 育苗的播种技术?

种子露白播种，覆土厚度约为种子大小的2倍。网纹甜瓜覆土1厘米为宜。太厚不好出苗，太薄有可能造成戴帽出苗。

66. 苗期如何浇水?

高温期的育苗，早上要灌水，水量为早晨的水到黄昏大致就干的程度，夜间湿度不要大，这是避免徒长的水分管理的技巧。

低温期灌水的水量要控制一些，水温也确保在25℃为宜。多灌水会减弱根的活力，也容易患苗期病害。

67. 不同育苗容器适宜移栽的苗龄是什么?

营养钵2.5～3片真叶定植最佳，50孔穴盘2.0～2.5片叶定植适宜，72孔穴盘建议1.5～2片真叶定植。根据田间试验结果表明，营养钵苗3片真叶缓苗用了4天，50孔穴盘2.5片真叶苗缓苗时间7天，72孔穴盘1.5片真叶缓苗时间10天。

68. 老化苗对后期生长有什么影响？如何避免？

最不好的是老化苗。育苗场为节省育苗面积，用小营养钵或小孔穴盘育苗，若定植时间延迟，定植时根系绕满营养钵底部且开始发黄，这就是老化苗，对缓苗不好。如果不消除对缓苗不好的影响，主枝就长成发簪状，结的果也小。如果能让叶片长大的话，品质还可以，产量就因为果小而降低。

不得不种老化苗时，定植前先松一松底部白色层状的根，然后再定植。还有就是初期灌水不要少，多浇水，根部土松软，老化苗还是有可能恢复的。

早春的穴盘苗，注意温湿度的合理调节，不要超过育苗天数太久，要注意避免形成老化苗。

69. 为什么要炼苗？如何炼苗？

苗棚温度比较高，定植棚温度比较低，定植前 2 天需要进行低温炼苗。可以调整育苗棚的温度，进行低温锻炼。

70. 定植前准备工作有哪些？

目前种植的设施主要有日光温室和塑料大棚两种。

在北方，粗网纹类型品种更适合日光温室，因为可以提前定植，果实提前成熟。细网类型品种适合塑料大棚种植。

定植前要准备健壮的幼苗，准备好灌溉设备、加温保温设备（春茬）、降温除湿设备（秋茬）和放风设备，准备防治常发病害的农药（预防大处方）、其他农业生产资料和生产工具，培训技术人员。

71. 定植期棚室如何准备？

春季栽培要注意连续 7 天地温在 15 ℃以上，整地之后铺设灌溉设备，提前 15 天浇足底水，一切工作准备就绪之后，定植。

秋季栽培要提前进行土壤消毒和棚室消毒，装好防虫网，防止有翅蚜虫侵入。因病毒可通过粉虱等害虫进行快速传播，所以要做好预防粉虱等害虫工作，一切工作准备就绪之后，定植。

72. 如何确定定植密度？

粗网类型（以阿鲁斯为代表）的网纹甜瓜，建议定植密度 1 200～1 400 株/亩，行距 1.1～1.3 米，株距 0.38～0.45 米。

细网类型（以安第斯为代表）的网纹甜瓜，建议定植密度 1 400～1 600 株/亩，行距 1.0～1.2 米，株距 0.35～0.4 米。

73. 移栽定植的流程以及注意事项是什么？

移栽定植的流程包括备苗（清点数量、核实品种）、准备定植畦、准备定植穴、铺设滴管设备、浇底水（早春底水建议提前 15 天浇）、准备装苗筐和运苗车（保温性）等。整个过程的技术核心是提温、保温、护苗子，要保证 10 厘米以上土层的温度在 15 ℃以上。

74. 架设小拱棚的必要性以及技术要点？

在北方设施中，要保证地温在 15 ℃以上，利于根的“下扎”，需要架设小拱棚。需要注意小拱棚棚膜不能贴到叶片上，随时关注温度，35℃以上就需要揭开棚膜通风，看天气和温度，一般晴天15:00左右需要放下棚膜。

75. 最佳整枝打杈时期是什么？

打杈

植株长到40厘米左右，侧枝长到10～15厘米（10厘米以下，窝工；15厘米以上茎长老了，不利于操作），生长点伸出来。

76. 整枝打杈如何操作？

侧枝和卷须要从基部掰，不要用指甲从中间掐断，掐完伤口愈合慢，后期病原菌还会从软腐组织侵入植株。从离层掰断伤口愈合快，晴天1天半左右，并且形成愈伤组织，后期病原菌不易侵入。

77. 吊蔓的最佳方法以及注意事项是什么？

吊蔓的最佳方法是第一次吊蔓要尽量调整生长点在一个高度，8片叶开始吊蔓，坐果枝已经卷缩在生长点、里面了。

注意事项是一定要上午整枝，下午绕蔓。

78. 吊蔓栽培网纹甜瓜如何留叶片数？

坐果节位一般在12～15节，在坐果位置的上方留10片叶，主蔓摘心，摘心要在授粉之前，坐果枝长出并留好3个之后就可以摘心，用镊子把生长点小心地去除。叶片小的品种，有时要留12～14片上位叶的叶数。长势过旺，即使开花也很难坐果，这时用镊子去除生长点的心。下方的老叶子，一般是去除5～8片，增加通透性。

79. 吊蔓网纹甜瓜如何留果？

在12～15节选留3个健壮的坐果枝，注意一定要有雌花的，授粉结束之后，果长到鸡蛋大小，从3个果中选1个最佳的，选果的标准：外观周正，无擦痕，无斑点；坐果枝粗壮的；果形偏长的；同一行高度基本一致的。

80. 授粉注意事项是什么？

选留好的坐果枝，无论是蜜蜂授粉还是熊蜂授粉，在即将开放时标记日期；如果用氯吡脲等植物生长调节剂进行喷花，一定要正反两面喷匀，另外尽可能地不喷到雌花柱头上。

81. 为什么只留一个果？

粗网网纹甜瓜，特别是阿鲁斯系列的精品类型，1株秧子只留1个果。国内很多种植者看到秧子长势旺盛，尝试留2个果（主蔓上下2个果、两条侧蔓各1个果、主蔓第一个果裂好后开始留第二个果），形式各异，结果均不尽人意。

留1个果不仅是为了保证充足的养分供给，更是为了保证果形、纹路、口感、成熟度尽可能一致。网纹甜瓜不以质量定价，外观品质占比40%（口感和营养品质共占比60%），节位不同，授粉时间就不同，裂果时间也有差异，环境调控则很难照顾周全，纹路形成也会有差异。

82. 膨瓜水如何浇？

坐果后3～5天浇膨瓜水，建议灌溉量为2～3吨/亩；另外，进入横网形成期，可以视植株和土壤情况浇水，建议灌溉量为3～5吨/亩。

83. 何时进行吊瓜？注意事项是什么？

吊瓜

精品网纹甜瓜一定要有完好无损且平直的T头，吊瓜是唯一手段。一般在授粉后15天左右，果实硬化，瓜长到0.5千克左右，开始吊瓜。吊瓜绳要独立于吊蔓绳，打活结卡于吊瓜钩凹槽处，便于瓜沉下坠时重新调整高度；吊瓜的高度要较坐瓜节位略高，吊瓜蔓与水平呈30°角为宜。

84. 网纹形成期分为几个阶段？

网纹形成期

精品粗网网纹甜瓜网纹形成期分四个阶段。

第一阶段：果皮硬化期（授粉后11～14天）。

第二阶段：纵网形成期（授粉后15～20天）。

第三阶段：横网形成期（授粉后21～30天以后）。

第四阶段：网纹发生盛期（授粉后31～45天）。

85. 果皮硬化期环境如何管理？

该阶段是果实既要继续生长、果皮又要自然硬化的时期。不符合网纹形成规律的不良栽培技术，常常导致温湿度管理不合理而影响果皮硬化，使网纹形成不好。此时的栽培要点是控制灌水，防止土壤水分过多和空气湿度过大，上午空气相对湿度应控制在60%～70%，日温25～32℃，夜温18～20℃。正常情况下，绝大多数品种的网纹甜瓜（有阿鲁斯血统）授粉后14

天左右，幼瓜应显铅灰色，如果显绿色则是果皮硬化不好的现象，常因高温多湿所致。倘若硬化不足，除了控制浇水外，还应在白天充分放风除湿，在夜间适当降低保护地内的温度，促使果皮及时硬化。植株生长势弱也常导致果皮硬化不足；如若硬化过度，则应傍晚提前关闭放风口，提高夜间温度，控制浇水。

86. 纵纹形成阶段环境如何管理？

在果皮硬化的基础上网纹开始发生、显现。首先是纵向网纹先发生，此时通常仍需控制浇水；如果这时浇水，土壤湿度过高，空气湿度（特别是上午空气湿度）过高，常常导致纵纹粗裂难看，甚至后期裂瓜。保护地内早上应保持70%以上的空气相对湿度，以促进网纹发生良好。如果植株生长势太弱，保护地内过分干燥也会影响网纹形成。该阶段的温度应控制在日温25～32℃，夜温18～20℃。

87. 横纹形成阶段环境如何管理？

横网形成阶段是甜瓜植株营养生长量和生殖生长量增长最多的时期，全株生长量将达到顶峰。保障水分和营养元素供给，保证植株旺盛的光合积累和果实迅速生长是该阶段的目标。当果实整个果面纵横网纹都发生时，就应充分灌水并酌情追肥，以促进果实膨大和网纹全面形成。灌水的多少需根据植株长势、果实状态和土壤水分状况而定。上午空气湿度保持在85%以上。其温度指标是：上午25～35℃，中午26～30℃，夜间18～22℃。纵观整个网纹形成的过程，坐果后10～30天是网纹形成好坏的关键时期。

88. 果实套袋的时期、方法和作用?

为了让网纹瓜果皮无病斑、无斑块且皮色鲜亮，在授粉后26～30天，网纹形成期结束，开始套袋。用A3或者8开纸张大小的报纸或者大白纸，在长边中间处向与短边平行方向裁开一半长度，绕于瓜柄处交叠用胶带或者订书机固定。撕开报纸可以让瓜处于“帽子”中间位置。

套袋首先可以保持瓜周围较长的微环境，促进网纹更立体；其次可以遮挡阳光，使得果面更鲜亮；最后可以减少农药对果面的侵蚀。示范点均采用套袋技术，该技术提高网纹瓜的外观商品性效果明显。

89. 网纹形成之后如何管理?

果实的风味和糖度是重要的品质指标，授粉后45天可溶性固形物含量才迅速提高，而网纹甜瓜长势旺，很容易早衰。为了防止早衰，在授粉30天之后，留顶端第一节或者第二节长出的新芽，新芽的生长对根系的伸长有促进作用，从而起到预防早衰的作用。

90. 如何判断果实成熟?

收获前3天进行果实折光糖含量的测定。12月上旬至翌年2月上旬播种的茬口，果实折光糖含量以15%为目标，坐果后60天左右收获。7月中下旬播种的茬口，果实折光糖含量以16%为目标，坐果后55天左右收获。

91. 成熟果实如何做分级？

在日本网纹瓜的主产区成熟果实的分级分两步。第一步是通过老瓜农（从事种植网纹甜瓜 20 年以上，选瓜经验 5 年以上）进行目视分选，3 个瓜农核定无误，该环节结束。第二步是利用分选机从单瓜重、折光糖含量（无损测糖）和内腐（瓜外看不出来，内部发生腐烂）三个方面进行分级，之后装箱打包。

中国的网纹甜瓜种植总面积不大，大多是订单生产模式，目前是在采收之前进行抽样测糖，折光糖含量达到要求之后，基本按照重量装箱，有 2 头装、4 头装、5 头装、6 头装等。作者总结了日本静冈蜜瓜分级标准以及相对应的中国市场网纹甜瓜分级标准，具体分级标准见表 2。

表 2　日本静冈蜜瓜分级标准以及对应中国网纹甜瓜分级标准

日本静冈蜜瓜等级	中国市场对应等级	主要内容	折光糖含量	渠道	占比
富士印	5 星	果面白净，无斑点，无伤痕，网纹均匀，每 9 厘米^2 面积上网眼数 150 个以上，网纹宽度 2 毫米以上，厚度 1 毫米以上；单瓜重 1.4～1.7 千克；T 头鲜绿，完好无损，长度与瓜横径接近，平直；果形指数 1～1.1；花痕直径小于 2 厘米	15%以上	千疋屋等水果奢侈品店	1%
山印	4 星	果面白净，少有斑点，无伤痕，网纹均匀，每 9 厘米^2 面积上网眼数 100 个以上，网纹宽度 1.5 毫米以上，厚度 1 毫米以上；单瓜重 1.3～1.8 千克；T 头完好无损，长度与瓜横径接近，平直；果形指数 0.9～1.2；花痕直径小于 3 厘米	14%以上	礼品销售并常作为水果店展示	25%

（续）

日本静冈蜜瓜等级	中国市场对应等级	主要内容	折光糖含量	渠道	占比
白印	3星	表面允许少有斑点，允许有少量疤痕，网纹均匀立体，每9厘米^{2}面积上网眼数50个以上，网纹宽度1毫米以上，厚度0.6毫米以上；单瓜重1.25～2千克；T头允许有斑，允许倾斜且与水平呈45°以下角，长度允许小于瓜横径；果形指数0.9～1.3；花痕直径小于3.5厘米	13.5%以上	大型商超和水果连锁店	60%
雪印	2星	表面允许有斑点，允许有疤痕，原则上不影响整体美观即可，网纹较稀疏；单瓜重1.25～2千克；T头允许有斑，允许不平直；花痕直径小于3.5厘米	12%以上	料理店食品和切开果盘销售	9%
无印	1星	表面有斑点，允许有疤痕，网纹稀疏；单瓜重1千克以上；T头允许不完整	/	用于制作零食、蛋糕及饮品	5%

第五章

甜瓜常发病虫害以及防治技术

92. 白粉病的症状有哪些？

在甜瓜全生育期都可发生。主要危害甜瓜的叶片，严重时亦危害叶柄和茎蔓，有时甚至可危害幼果。发病初期在叶片正、背面出现白色小点，随后逐渐扩展呈白色圆形病斑，多个病斑相互连接，从而使叶面布满白粉，故称为白粉病。叶片上形成的白色粉状物为病原菌的菌丝体、分生孢子梗和分生孢子。随着病害越来越严重，病斑的颜色逐渐变为灰白色，发病后期还会在病斑上产生黑色小粒点，这是病原菌有性世代产生的闭囊壳。发病严重的情况下病叶枯黄坏死。

93. 白粉病的病原菌是什么？

通常认为苍耳叉丝单囊壳白粉菌（*Podosphaera xanthii*）可以引起甜瓜白粉病。苍耳叉丝单囊壳为专性寄生菌，不能在人工培养基上培养，但寄主范围较广，可以侵染包括葫芦科在内的多种科作物。病原菌的无性阶段为分生孢子梗上产生大量的串生分生孢子。分生孢子梗圆柱状或短棍状，不分枝；分生孢子单胞，椭圆形或圆柱形。有性阶段产生球形的闭囊壳，暗褐色，壳表面有附属丝，从闭囊壳内产生子囊，子囊椭圆形，每个子囊内有 8 个子囊孢子。病原菌以菌丝体或闭囊壳在寄主上或在病残体上越冬，翌年以子囊孢子进行初侵染，然后从发病部位产生分生孢子进行再侵染，造成病害蔓延和扩展，但在温暖地区，病原菌无明显越冬期，不产生闭囊壳，以分生孢子进行初侵染和再侵染，完成其周年循环。

94. 如何防治白粉病？

（1）农业防治　培育壮苗，提高植株抗病能力；及时整枝打杈，保证植株通风透光良好；合理浇水，适时揭棚通风排湿；避免连作；甜瓜收获后，清除田间病株残体，减少侵染源。

（2）药剂防治　发病初期可采用1 000亿芽孢/克枯草芽孢杆菌可湿性粉剂进行叶面喷雾，用药量为120～160克/亩；或300克/升醚菌・啶酰菌悬浮剂进行喷雾，用药量为45～60毫升/亩；或4%四氟醚唑水乳剂进行叶面喷雾，用量为67～100克/亩。用药时，注意交替用药，防治产生抗药性。

95. 霜霉病的症状有哪些？

甜瓜霜霉病主要危害叶片。叶片正面上产生浅黄色病斑，沿叶脉扩展呈多边形，后期病斑变成浅褐色或黄褐色病斑。在连续降雨高湿度条件下，病斑迅速扩展或融合成大斑块，致叶片上卷或干枯，下部叶片全部干枯。当湿度大时病部叶背长出灰黑色霉层，为病原菌的孢囊梗和孢子囊。

96. 霜霉病的病原菌是什么？

引起甜瓜霜霉病的病原菌为古巴假霜霉菌（*Pseudoperonospora cubensis*），为专性寄生菌。病原菌的无性世代为孢囊梗产生孢子囊，孢子囊卵形或椭球形，有乳突，孢子囊萌发后产生游动孢子（一般为6～8个），游动孢子单胞，卵形，具有双鞭毛。病原菌的有性世代为异宗配合，由雄器和藏卵器结合而形成的卵孢子球形。病害多从近根部的叶片开始发生，经风雨或灌溉水传播。病原菌对温度的适应性较宽，15～24℃均可发病；病原菌萌发和侵入对湿度要求较高，叶片有水滴或水膜时才可侵入，相对湿度高于83%时病害发展迅速。

97. 如何防治霜霉病？

（1）农业防治 进行搭架栽培，及时整蔓；保持通风透光可以降低田间湿度；提高整地、浇水质量，避免连作。

（2）化学防治 采用18.7%烯酰·吡唑酯水分散粒剂进行叶面喷雾，用药量为75～125克/亩；或60%唑醚·代森联水分散粒剂进行叶面喷雾，用药量为100～120克/亩。

98. 灰霉病的症状有哪些？

甜瓜灰霉病可以侵染叶片、茎蔓、花和果实，以果实受害为主，发病后可导致幼苗死亡，果实腐烂，造成减产。病害发生初期引起植物组织腐烂，后期会在发病部位出现灰色霉层，故得名为灰霉病，灰色霉层即为分生孢子梗和分生孢子。育苗床幼苗感病通常会发生死亡。植株叶片常从叶尖或叶缘开始发病，病斑呈V形。花瓣染病导致花器枯萎脱落，幼瓜发病部位通常在果蒂部，如烂花和烂果附着在茎部，会引起茎秆腐烂，造成植株死亡。

99. 灰霉病的病原菌是什么？

引起灰霉病的病原菌为灰葡萄孢菌（*Botrytis cinerea*），其有性世代为富克葡萄孢盘菌（*Botryotinia fuckeliana*），但在自然条件下很难发现其有性阶段。病原菌的分生孢子梗单生或丛生，在梗上出现多轮互生分枝，芽生分生孢子，分生孢子椭圆形，单胞，呈现葡萄状聚生。病原菌可形成菌核，黑色，形状不规则，菌核在合适的条件下可形成子囊盘，产生子囊，子囊内有 8 个子囊孢子。

病原菌以菌核、分生孢子或菌丝体在土壤内及病残体上越冬。环境条件合适时，菌丝体产生分生孢子，菌核萌发形成子囊盘，产生子囊，分生孢子或子囊内释放的子囊孢子借气流或浇水等农事操作进行传播，从而危害幼苗、叶、花和幼果。

100. 如何防治灰霉病？

（1）农业防治　及时摘除病叶并销毁，加强大棚降温排湿工作；合理施肥，堆肥和厩肥应充分腐熟；保证阳光充足和合理的种植密度；合理轮作，对育苗床进行消毒处理。

（2）化学防治　采用 42.4%唑醚·氟酰胺悬浮剂进行喷雾，每公顷用药量为 150～225 克；采用 20%嘧霉胺悬浮剂进行喷雾，每公顷用药量为 450～540 克；采用 50%腐霉利可湿性粉剂进行喷雾，每公顷用药量为 375～750 克。

101. 枯萎病的症状有哪些？

甜瓜枯萎病是典型的土传真菌病害，从苗期到成株期均可发病。其中，开花坐果期发病最重，常引起瓜秧枯萎死亡。出苗期发病，幼苗茎基部变褐缢缩，下部叶片变黄猝倒而死，剥开病部，可见幼嫩组织变淡褐色；苗期发病，叶色变浅，逐渐萎蔫，严重时幼苗僵化枯死；开花期发病，初期可见叶片由基部向顶部逐渐萎蔫，晴天中午更为明显，早晚萎蔫症状可以有所减轻或恢复，叶面不产生病斑，数日后，瓜秧叶片萎蔫下垂，病株茎基部表现矮缩，表皮粗糙、纵裂。在潮湿的环境条件下，病部还可产生白色或粉红色霉状物，即病原物的菌丝体和分生孢子。

102. 枯萎病的病原菌是什么？

甜瓜枯萎病由尖孢镰刀菌甜瓜专化型（*Fusarium oxysporum* f. sp. *melonis*）引起，在马铃薯葡萄糖琼脂培养基上菌落正面为白色至淡粉红色，菌丝棉絮状，生长速度快，产生白色、桃红色、橙红色、灰葡萄酒色至紫红色、紫色等色素；在马铃薯蔗糖琼脂培养基上菌落正面呈白色棉絮状，菌丝稀疏或浓密，菌落背面呈浅黄色或淡紫色。大型分生孢子似镰刀形或新月形，基部有足细胞，3～5 个横隔，大小为（30～60）微米×(3.5～5）微米；小型分生孢子长椭圆形，单胞或有 1 个横隔，大小为（5～26）微米×(2～4.5）微米。甜瓜专化型划分为 4 个生理小种，即小种 0 号、1 号、2 号和 1.2 号；根据小种 1.2 号引起病害症状的差异，又将其分为 1.2w（症状表现为萎蔫）和 1.2y（症状表现为枯黄）。

103. 如何防治枯萎病？

(1) 农业防治 与非瓜类作物实行 3～5 年的轮作倒茬是防治甜瓜枯萎病的重要农业措施。茬口以选择小麦、豆类、休闲地最好，其次是棉花、玉米等。此外，采用洋葱和大蒜作为轮作作物，可明显减轻枯萎病的危害。加强栽培管理是重要的农业防治手段，主要措施有：适当中耕，提高土壤透气性，促进根系粗壮，增强抗病力；小水沟灌，忌大水漫灌，及时清除田间积水；发现病株及时拔除，收获后清除病残体，减少菌源积累。

嫁接可有效防止瓜类枯萎病的发生，还可利用砧木根系耐低温、耐渍湿、抗逆力强和吸肥力强的特性，促进植株生长旺盛，提高抗病性，增加产量。最常用的砧木是南瓜，嫁接后可显著提高甜瓜抗枯萎病的能力。

（2）生物防治　采用产黄青霉干燥菌丝体提取物处理接种镰刀菌的甜瓜植株，能够引起甜瓜植株对镰刀菌的非生理小种产生特异性诱导抗性，同时显著提高过氧化物酶活性。无致病性菌株在感病植株上定殖但不表现明显的症状，并且能显著减少野生型生理小种的侵染比率。用荧光假单胞杆菌和内生细菌处理甜瓜植株后，枯萎病病害严重程度显著降低。

104. 细菌性果斑病的症状有哪些？

甜瓜感染细菌性果斑病后，在果皮上形成深褐色或墨绿色小斑点。有的品种病斑具水渍状晕圈，斑点通常不扩大；有的品种病原菌侵入果肉组织造成水渍状、褐腐或木栓化；有的品种病斑只局限于表皮，中后期条件适宜时病原菌生长繁殖造成果肉腐烂。子叶、真叶、茎和蔓均可被侵染。真叶症状类似霜霉病，病斑受叶脉限制呈圆形至多角形，或沿叶脉蔓延，形成深褐色水渍状病斑，在高湿条件下可见乳白色菌脓的痕迹。苦瓜的症状与甜瓜基本相似。

105. 细菌性果斑病的病原菌及传播途径是什么？

甜瓜细菌性果斑病的病原菌是燕麦嗜酸菌西瓜亚种（*Acidovorax avenae* subsp. *citrulli*）。该病的远距离传播主要靠带菌种子，种表及种胚均可带菌。病田土壤表面病残体上的病原菌及感病自生瓜苗、野生南瓜等，可作为下季或翌年瓜类作物的初侵染源。带菌种子萌发后，病原菌就从子叶侵入，引起幼苗发病。病株病斑上溢出的菌脓或病残体上的病原菌借风雨、昆虫及农事操作等途径传播，从伤口和气孔侵染。在瓜类生长季节可形成多次再侵染。

106. 如何防治细菌性果斑病？

选择无病留种田和选择无细菌性果斑病发生的地区作为制种基地，并采取严格隔离措施，以防止病原菌感染种子。播前进行种子处理，可以有效降低种子带菌率。常用处理方法包括用1%盐酸漂洗种子15分钟，或15%过氧乙酸200倍液处理30分钟，或30%过氧化氢100倍液浸种30分钟。在进行嫁接过程中，操作人员的手和工具都要用75%的酒精消毒。加强栽培管理，避免种植过密、植株徒长，合理整枝，减少伤口；及时清除病株及疑似病株，并销毁深埋。尽量选择植株上露水已干及天气干燥时进行田间农事操作，以减少病原菌的人为传播。

107. 蓟马的危害症状以及发生特点是什么？

(1) 危害症状 蓟马成虫和若虫锉吸植物的花、子房及幼果汁液。花受害后常留下灰白色的点状食痕，严重时连片呈半透明状。受害严重的花瓣卷缩，提前凋谢，影响结实及产量。

(2) 发生特点 一年发生10多代，在温室可常年发生。成虫在枯枝落叶下越冬。北京地区大棚内4月初开始活动危害，5月进入危害盛期。喜温暖干燥。在多雨季节种群密度显著下降。

108. 如何防治蓟马？

(1) 农业防治 铲除田间杂草、消灭越冬寄主上的虫源，避免蓟马向豆田转移；适当浇水，增加田间湿度，有利于减轻危害。

(2) 生物防治 东亚小花蝽是蓟马的优势天敌，利用东亚小花蝽进行防治，能够较好地控制住蓟马的数量。具体使用方法如下。

① 早期监测。出现蓟马成虫即开始防治。轻度发生：色板上出现 1～2 头蓟马，每朵花上蓟马数量低于 2 头。重度发生：色板上蓟马大于 2 头，每朵花上蓟马大于 10 头。

② 释放量。预防性时，释放量为成虫或若虫 0.5～1 头/m^2，连续释放 2～3 次，间隔 7 天释放 1 次。轻度发生时，释放量为成虫或若虫 1～2 头/米^2，连续释放 2～3 次，间隔 7 天释放 1 次。

③ 释放方法。释放方法为撒施法，打开装有东亚小花蝽的包装瓶，连同包装介质一起均匀撒在植株花和叶片上。

④ 释放时间。夏、秋季节应在晴天 10:00 之前、16:00 之后释放东亚小花蝽，可避免棚室内温度过高，东亚小花蝽难以适应。春季和冬季可选择在 10:00 至 17:00 释放东亚小花蝽，可避免棚室内早晚露水对东亚小花蝽活动产生影响。

109. 蚜虫的危害症状以及发生特点是什么？

瓜蚜又名棉蚜，有多种生物型。能危害多种蔬菜、瓜类和其他植物。

（1）危害症状　成虫和若虫多群集在叶背、嫩茎和嫩梢刺吸汁液，使下部叶片密布蜜露，潮湿时变黑形成烟煤病，影响叶片进行光合作用。瓜苗生长点受害可导致枯死；嫩叶受害后卷缩；瓜苗期严重受害时能造成整株枯死；成长叶受害，会干枯死亡，缩短结瓜期，造成减产。蚜虫危害更严重的是可传播病毒病，使植株出现花叶、畸形和矮化等症状，导致受害株早衰。

（2）发生特点　每年 4～6 月份发生，繁殖的适宜温度为 16～22 ℃。

110. 如何防治蚜虫？

（1）农业防治　经常清除田间杂草，彻底清除瓜类、蔬菜残株病叶等；保护地可采取高温闷棚法，方法是在收获完毕后不急于拉秧，先用塑料膜将棚室密闭3～5天，消灭棚室中的虫源，避免向露地扩散，也可以减轻对下茬作物的危害。

(2) 物理防治 利用有翅蚜对黄色、橙黄色有较强的趋性，从4中旬至拉秧，可在瓜秧上方20厘米处悬挂黄色诱虫板诱杀（市售，25厘米×40厘米）有翅蚜，每10米^{2}设置1块。当粘满蚜虫时及时更换。银灰色对蚜虫有驱避作用，也可利用银灰色薄膜代替普通地膜覆盖，而后定植或播种，或早春在大棚通风口挂10厘米宽的银色膜，驱避蚜虫飞入棚内。

(3) 生物防治 保护、引进和利用蚜虫天敌防治瓜蚜是高档甜瓜生产中常用的方法。捕食性天敌有瓢虫、草蛉、食蚜蝇、食蚜瘿蚊、食蚜螨、花蝽、猎蝽和姬蝽等；寄生性天敌有蚜霉菌等。

① 释放时期。黄板监测：出现2头蚜虫即开始防治。人工观察：作物定植后每天观察，一旦植株上发现蚜虫，即开始防治。

② 释放数量与次数。建议在作物的整个生长季节内，释放3次瓢虫。预防性释放：每棚每次释放100张卵卡，约2 000粒卵。治疗性释放：需根据蚜虫发生数量进行确定，一般瓢虫与蚜虫的比例应达到1∶(30～60)，以蚜虫危害“中心株”为重点进行释放，2周后再释放1次。

③ 释放方法。释放卵：清晨或傍晚将瓢虫卵卡悬挂在蚜虫危害部位附近，以便幼虫孵化后，能够尽快取食到猎物，悬挂位置应避免阳光直射。释放幼虫或成虫：将装有瓢虫成虫或幼虫的塑料瓶打开，将成虫或幼虫连同介质一同轻轻取出，均匀撒在蚜虫危害严重的枝叶上。

111. 红蜘蛛的危害症状以及发生特点是什么？

红蜘蛛俗称火蜘蛛、火龙、沙龙，学名叶螨，我国的种类以朱砂叶螨为主，属蛛形纲、蜱螨目、叶螨科。

(1) 危害症状　红蜘蛛成虫、幼虫或若虫群聚在叶背吸取汁液。受害叶面呈现黄白色小点，严重时变黄枯焦，似火烧状，造成早期落叶和植株早衰。严重时果面上也会爬满，降低品质。

(2) 发生特点　幼螨和前期若螨不甚活动。后期若螨则活泼贪食，繁殖数量过多时，常在叶端群集成团，并吐丝成网。一年发生 10～20 代。春天气温达 10 ℃以上时开始大量繁殖。在高温低湿的 6—7 月危害重，尤其干旱年份易于大发生。大棚内由于遮雨，通风后气温高时发生传播快。

112. 如何防治红蜘蛛？

(1) 农业防治　秋末清除田间残株败叶，烧毁或沤肥；开春后种植前铲除田边杂草，清除残余的枝叶，可消灭部分虫源；天气干旱时，注意灌溉，增加瓜田湿度，不利于其发育繁殖。

(2) 生物防治　利用智利小植绥螨、巴氏新小绥螨等进行防治时，可先喷洒农药降低虫口密度，再释放天敌，效果最佳。除此以外，还有瓢虫和蜘蛛等天敌，可结合当地情况进行选择。

① 智利小植绥螨。

A. 早期监测。在害螨或害虫发生初期、密度较低时（一般每叶害螨或害虫数量在 2 头以内）应用天敌，害螨密度较大时，应先施用 1 次药剂进行防治，间隔 10～15 天后再释放天敌。天气晴朗，气温超过 30 ℃时宜在傍晚释放，多云或阴天可全天释放。

B. 释放数量与次数。每亩释放 5 000～10 000 头，一般整个生长季节释放 2～3 次。如释放后需使用化学杀虫杀螨剂防治其他虫害，可能会将智利小植绥螨杀灭，需在用药后 10～15 天再补充释放天敌。

C. 释放方法。撒施法，将智利小植绥螨包装瓶剪开，将智利小植绥螨连同培养料一起均匀地撒施于植物叶片上，2天内不要进行灌溉，以利于洒落在地面上的智利小植绥螨转移到植株上。

② 巴氏新小绥螨。

A. 早期监测。在害螨或害虫发生初期、密度较低时（一般每叶害螨或害虫数量在2头以内）应用天敌，害螨密度较大时，应先施用1次药剂进行防治，间隔10～15天后再释放天敌。天气晴朗、气温超过30℃时宜在傍晚释放，多云或阴天可全天释放。

B. 释放数量与次数。每亩释放14 000～20 000头，一般整个生长季节释放2～3次。如释放后需使用化学杀虫杀螨剂防治其他虫害，可能会将巴氏新小绥螨杀灭，需在用药后10～15天再补充释放天敌。

C. 释放方法。撒施法，将巴氏新小绥螨包装袋剪开，将巴氏新小绥螨连同培养料一起均匀地撒施于植物叶片上，2天内不要进行灌溉，以利于洒落在地面上的巴氏新小绥螨转移到植株上。

图书在版编目（CIP）数据

设施甜瓜栽培与病虫害防治百问百答 / 李婷，李云飞，朱莉主编. —北京：中国农业出版社，2020.7（2022.9 重印）
（设施园艺作物生产关键技术问答丛书）
ISBN 978 - 7 - 109 - 26716 - 9

Ⅰ. ①设… Ⅱ. ①李… ②李… ③朱… Ⅲ. ①甜瓜－瓜果园艺－设施农业－栽培技术－问题解答②甜瓜－瓜果园艺－设施农业－病虫害防治－问题解答 Ⅳ. ①S627 - 44

中国版本图书馆 CIP 数据核字（2020）第 049661 号

中国农业出版社出版
地址：北京市朝阳区麦子店街 18 号楼
邮编：100125
责任编辑：黄 宇 李 蕊 文字编辑：王庆敏
版式设计：王 晨 责任校对：刘丽香
印刷：北京通州皇家印刷厂
版次：2020 年 7 月第 1 版
印次：2022 年 9 月北京第 2 次印刷
发行：新华书店北京发行所
开本：850mm×1168mm 1/32
印张：2.25 插页：4
字数：60 千字
定价：18.00 元

薄皮甜瓜多果多茬种植模式

厚皮甜瓜优质高效种植模式

营养钵育苗

穴盘育苗

绿　宝

博洋9号

天美63

贴　接

二层幕提温技术

天窗放风

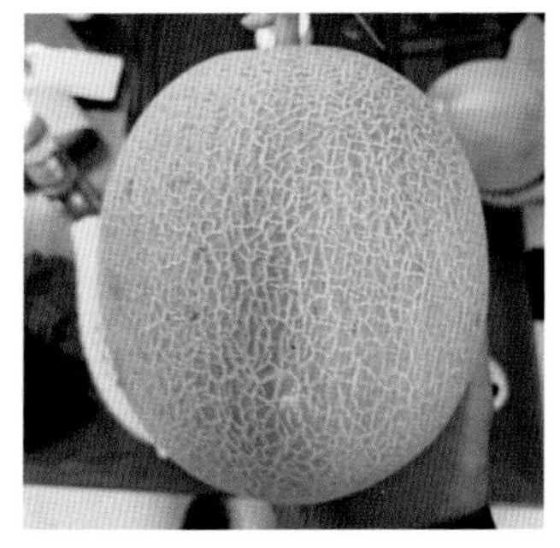

翠　甜

网纹5号

鲁厚甜1号

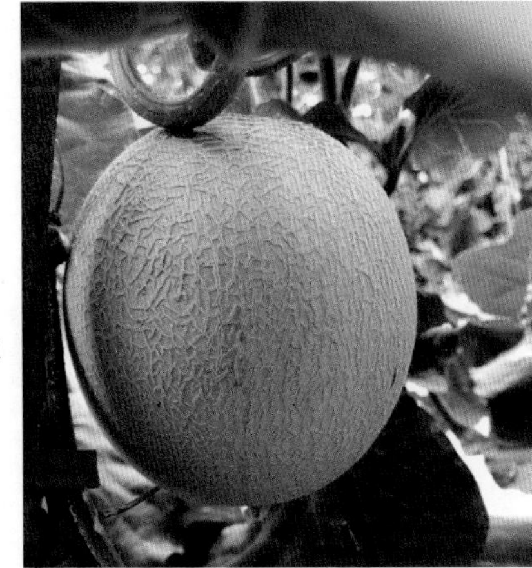

库　拉

帅果5号

阿波绿

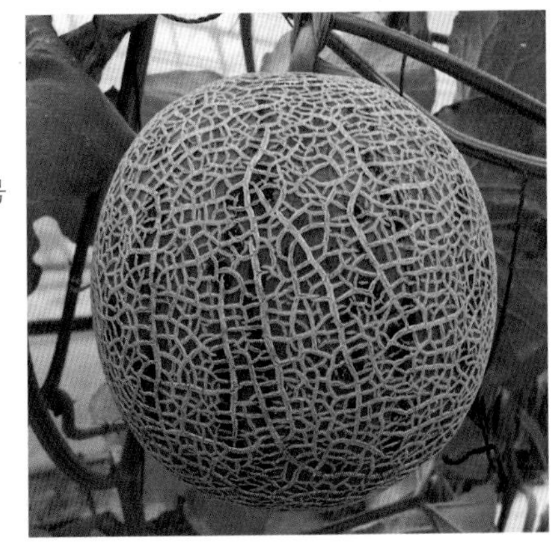

牛美龙3号

蜜 绿

帅果9号

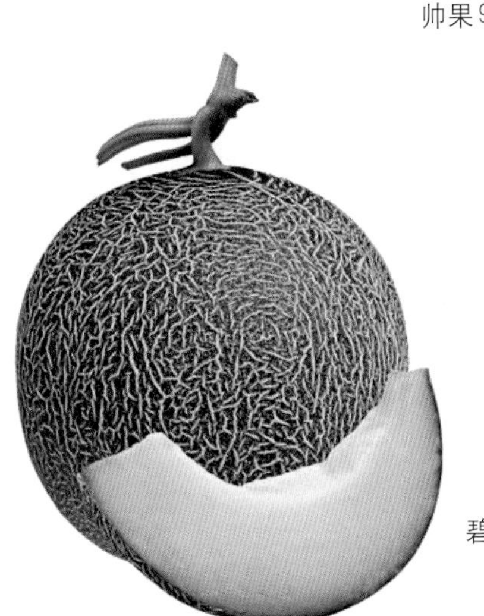

碧 龙

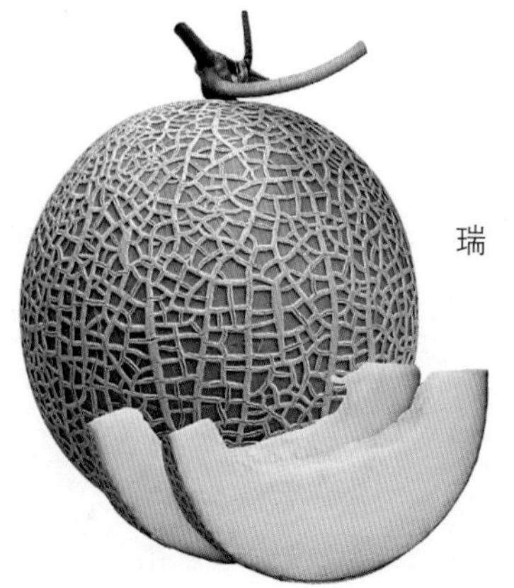

瑞　龙

瑞龙2号

阿鲁斯

比　美

帕丽斯

整地做畦

果皮硬化期

纵网形成期

横网形成期

网纹发生盛期

玫珑包装箱